U0345577

高等职业教育机电类专业系列教材

电工电子技术

主 编 秦 雯
副主编 蔡卓恩 徐 伟
参 编 李慧玲 林 娟 徐 鹏

机 械 工 业 出 版 社

本书是根据教育部最新制定的"高职高专电工电子技术课程教学基本要求"编写而成。本书分三篇,主要内容包括:电路的基本概念与基本定律、电阻电路的分析方法、单相正弦交流电路、三相正弦交流电路、半导体器件、放大电路基础、集成运算放大器、直流稳压电源、逻辑代数基础、组合逻辑电路、时序逻辑电路、脉冲波形的产生和变换、半导体存储器和可编程逻辑器件、数-模转换和模-数转换、磁路与变压器、三相异步电动机及其控制,共计16章。各章配有小结、思考与习题,便于自学。

本书可作为机电类、汽车、土木工程和计算机等专业的教材使用,也可供其他工科专业和成人教育的学生和教师选用。

为方便教学,本书有电子课件、思考与习题答案等,凡选用本书作为授课教材的学校,均可通过来电(010-88379564)或电子邮件(cmpqu@163.com)咨询。有任何技术问题也可通过以上方式联系。

图书在版编目(CIP)数据

电工电子技术/秦雯主编. —北京:机械工业出版社,2013.2 (2020.11重印)

高等职业教育机电类专业系列教材

ISBN 978-7-111-41034-8

Ⅰ.①电… Ⅱ.①秦… Ⅲ.①电工技术—高等职业教育—教材②电子技术—高等职业教育—教材 Ⅳ.①TM②TN

中国版本图书馆 CIP 数据核字(2012)第 318906 号

机械工业出版社(北京市百万庄大街22号 邮政编码100037)
策划编辑:曲世海 责任编辑:曲世海 曹雪伟 版式设计:张 薇
责任校对:张 薇 封面设计:赵颖喆 责任印制:张 博
北京铭成印刷有限公司印刷
2020 年 11 月第 1 版第 14 次印刷
184mm×260mm · 13 印张 · 317 千字
标准书号: ISBN 978-7-111-41034-8
定价: 35.00 元

电话服务   网络服务
客服电话: 010 - 88361066   机 工 官 网:www.cmpbook.com
     010 - 88379833   机 工 官 网:weibo.com/cmp1952
     010 - 68326294   机 工 官 博:www.golden-book.com
封底无防伪标均为盗版   机工教育服务网:www.cmpedu.com

前　　言

本教材参照教育部制定的"高职高专电工电子技术课程教学基本要求"，在"必须、够用"的原则下，总结多年的教学实践经验编写而成。本教材可供高职高专学校的机电类专业使用，也可供工科汽车、土木工程、计算机等相关专业使用。

创新性及实用性是编写本教材的指导思想。本教材在编写中力求体现以下特点：

1. 吸收教学改革的最新成果，在教材编排体系上分为电路基础、电子技术基础、电动机与控制技术基础3大部分，各部分相互独立又相互联系，教师可以根据专业和课程、课时设置要求加以选择。

2. 电工电子技术教学内容广泛，信息量大。本教材力求讲清基本概念、分析准确、减少数理论证、做到深入浅出、通俗易懂。

3. 考虑到高职高专类学生实践能力要求较高这一点，在有些章节中加入了元器件使用、测试的常识，电路调试的方法，并且介绍了一些实际工程应用电路，以便于学生掌握电路的分析方法，达到培养学生实践能力的目的。

4. 为了适应目前电子技术的飞速发展，在教材编写中以分立元器件为基础，以集成电路为重点，加强了数字电路内容。增加了集成电路芯片的介绍，包括芯片型号、引脚排列图和常见的应用电路等，对集成电路芯片的内部电路及分析进行了删减，并加入了最新的可编程逻辑器件 FPGA 和 CPLD 介绍。

本教材由秦雯任主编并统稿，蔡卓恩、徐伟任副主编。编写分工如下：第1章、第2章由秦雯、徐鹏编写，第3章、第4章、第5章、第7章由李慧玲编写，第6章由林娟编写，第8章至第11章由徐伟编写，第12章至第16章由蔡卓恩编写。

本教材承蒙陈瑞教授的认真审阅，审者提出了许多宝贵意见和建议，在此表示衷心的感谢。

由于编者的教学经验和学术水平有限，书中难免有错误和不妥之处，恳请师生、读者批评和指正。

编　者

目　录

第1篇　电　路　基　础

第2篇　电子技术基础

第3篇　电动机与控制技术基础

第 1 篇　电　路　基　础

第 1 章　电路的基本概念与基本定律

> **内容提要**：本章从电路模型入手，介绍电路的组成、主要物理量和状态，介绍电源的两种模型及其相互间的等效变换；阐述电路的基本定律——基尔霍夫定律。这些内容都是分析与计算电路的基础。通过本章的学习，可以为以后分析复杂电路打下基础。

1.1　电路与电路模型

1.1.1　电路的组成

电路是电流的通路。它是为了满足某种需要，将一些电气设备或元器件按照一定的方式连接而成的。

电路的结构和组成方式是多种多样的。但总的来说，一般由三个部分组成：电源、负载和中间环节。图 1-1 所示为最简单的一个实际电路的组成。该电路由干电池、开关、灯泡和连接导线组成。

1）电源是供应电能的设备，是将非电能转换成电能的装置。图 1-1 中干电池的作用就是将化学能转化为电能，给灯泡提供电能。又如，发电厂的发电机可以把光能、水能、热能等转换为电能，是常用的电源。电源是电路中能量的来源，是提供电流的源泉。

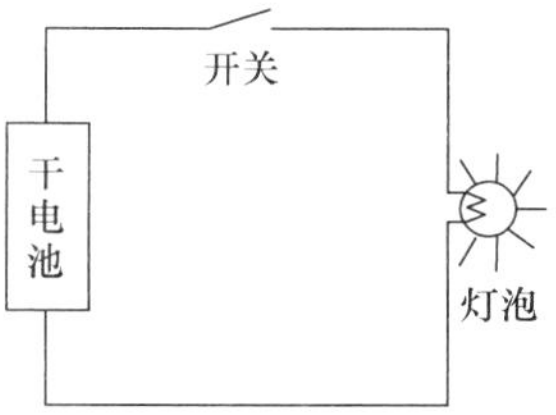

2）负载是取用电能的设备，它将电能转换为非电能。图 1-1 中的灯泡能够将电能转化成为光能和热能。负载是电路中的受电器。

图 1-1　实际电路的组成

3）连接电源和负载的部分是中间环节，包括导线、开关等一些装置和设备。其作用是传递和控制电能，以构成完整的电流通路。

1.1.2　电路的功能和分类

在工程技术领域中的电路种类繁多，形式和结构各不相同。但就其功能而言，电路可分为电力电路和信号电路两大类。

1. 电力电路

实现能量转换、传输和分配的电路称为电力电路。电力系统就是典型的例子。发电机将其他形式的能量转换为电能，经输电线传输、分配到各个用户，用户把电能转换为光能、热能、机械能等形式加以利用。这类电路中电压高、电流大、功率高，俗称"强电"系统，该系统的要求是尽可能地减少能量损耗以提高效率。

2. 信号电路

以传递和处理信号为目的的电路称为信号电路。常见的例子有收音机、电视机等。收音机接收到微弱的电磁波后，经放大、混频、解调等处理电路，最终将信号传递给扬声器，还原为原始声音信号。与电力电路相比，信号电路中功率和电流小，电压低，因此俗称"弱电"系统。该类系统要求信号传递的质量高，如不失真、灵敏、准确等。

1.1.3　电路模型

实际电路是由一些起不同作用的实际元件组成。这些实际元件品种多样，且工作过程中表现出的电磁性能往往比较复杂，这就给电路分析带来了许多困难。为了使问题得以简化，以便讨论电路的普遍规律，通常是将实际元件理想化（又称模型化）。即在一定条件下，只考虑其主要的电磁性质，忽略它的次要因素，把它看做理想电路元件。在图 1-1 中，灯泡不但发热而且消耗电能，具有电阻性；在其周围还会产生一定的磁场，具有电感性。但是灯泡的电感十分微小，可以忽略不计，因而可以用电阻元件代替灯泡。又如，用内电阻 R_S 和电动势 E 的串联来代替电池等。图 1-2 所示为在电工学中经常用到的几种理想元件的电路符号。

用一些理想电路元件组成的电路，就是实际电路的电路模型（理想电路）。图 1-1 所示实际电路的电路模型如图 1-3 所示。无论简单的，还是复杂的实际电路，都可以通过电路模型准确地描述。因此，对电路模型的研究可以达到分析实际电路的目的。

本教材电路分析中所涉及的电路都是电路模型。

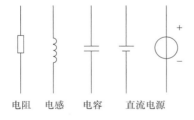

电阻　电感　电容　直流电源

图 1-2　几种理想元件的电路符号

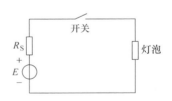

图 1-3　电路模型

1.2　电路的主要物理量

电流、电压、功率等物理量是电路分析中经常用到的物理量。本节将对这些物理量以及与它们有关的概念进行说明。

1.2.1　电流

1. 电流的概念

电流是由电荷有规律的定向运动形成的。电流是矢量，习惯上规定电流的方向是正电荷运动的方向或负电荷运动的反方向。

电流的数值(大小)等于单位时间内通过某一导体横截面的电荷量,用符号 i 表示。其定义式为

$$i = \frac{dq}{dt} \tag{1-1}$$

式中,dq 为 dt 时间内通过导体横截面的电荷量。

式(1-1)表示,电流是随时间而变的。数值和方向随着时间进行周期性变化的电流,称为交流电流,用英文小写字母 i 表示。如果电流不随时间变化而变化,即 $dq/dt = $ 常数,则称这种电流为直流电流,简称直流。直流电流用英文大写字母 I 表示。直流电流的定义式为

$$I = \frac{q}{t} \tag{1-2}$$

式中,q 为 t 时间内通过导体横截面的电荷量。

在国际单位制(SI)中,电流的单位是安[培],符号为 A。电流的常用单位还有毫安(mA)和微安(μA)。它们之间的换算关系是

$$1A = 10^3 mA = 10^6 \mu A$$

2. 电流的参考方向

电流的实际方向是客观存在的。但在电路分析中,特别是分析复杂电路时,电流的实际方向往往难以判断。特别是对于交流电流,其方向随时间而变,是无法标出它的实际方向的。为此,引入了"参考方向"这一概念。

参考方向是人为地任意选定的一个方向。即在分析电路时,可任意选定一个方向作为电流的参考方向,在电路中用箭头表示。当然,参考方向并不一定与电流的实际方向一致。如果分析电路时计算出的电流为正值,则实际方向与参考方向一致;反之,若计算出电流为负值,则电流的实际方向与参考方向相反,如图 1-4 所示。这样,电流就是一个代数量了,可以根据电流的正、负值来确定电流的实际方向。

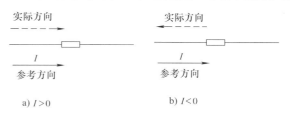

图 1-4 电流的参考方向与实际方向

1.2.2 电压和电动势

1. 电压的概念

如图 1-5 所示,A、B 是电源的两个电极,A 带正电称为正极,B 带负电称为负极,A、B 间产生由 A 指向 B 的电场。若将 A、B 用导体连接起来,则在电场力的作用下,正电荷会沿导体从 A 移到 B(实际是导体中的自由电子在电场作用下由 B 移到 A,两者等效),形成电流,这就是电场力对电荷做了功。为了衡量电场力对电荷做功的能力,引入了"电压"这一物理量。A、B 两点间的电压定义为:电场力把单位正电荷从 A 点移动到 B 点所做的功,用符号 u_{AB} 表示。其定义式为

$$u_{AB} = \frac{dW_{AB}}{dq} \tag{1-3}$$

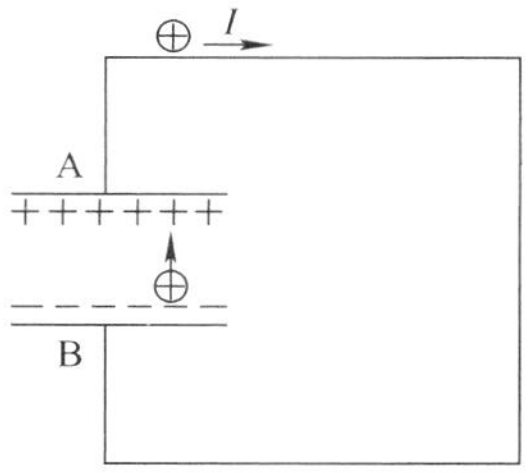

式中,dW_{AB} 表示电场力将 dq 的正电荷从 A 点移动到 B 点所做

图 1-5 电荷的移动回路

的功。

大小或方向随时间而变的电压称为交流电压，用英文小写字母 u 表示；大小和方向都不随时间而变的电压称为直流电压，用英文大写字母 U 表示。

在国际单位制中，电压的单位是伏［特］，符号为 V。常用的电压单位还有千伏（kV），毫伏（mV）。它们之间的换算关系是

$$1V = 10^{-3}kV = 10^{3}mV$$

2. 电动势的概念

如图 1-5 所示，在电场力的作用下，随着正电荷从 A 点移到了 B 点，会使电极 A 的正电荷逐渐减少，A、B 间电场减小，甚至消失。这样，导体中电流也会减小到零。为了维持电流的流通，必须有一种力，能够克服电场力做功，使运动到电极 B 的正电荷流向电极 A，以保证 A、B 间电场恒定，这种力称为电源力。电动势是描述电源力对正电荷做功能力的物理量。定义为：电源力把单位正电荷从电源负极移到正极所做的功，用符号 e 表示。其定义式为

$$e = \frac{dW_{BA}}{dq} \tag{1-4}$$

式中，dW_{BA} 为电源力将 dq 的正电荷从 B 点移动到 A 点所做的功。

电动势的单位与电压单位相同。

根据定义可知，电压的方向是从正极性（高电位）端指向负极性（低电位）端；电动势的方向是从负极性（低电位）端指向正极性（高电位）端，两者方向相反。

若忽略电源内部的其他能量转换，根据能量守恒定律，电源的电压在数值上等于电动势。

3. 电压、电动势的参考方向

与电流相似，在电路分析时，可以给电压、电动势规定参考方向。其参考方向有三种表示方式：

（1）采用参考极性表示　如图 1-6a 所示，在电路元件上标出正（＋）、负（－）极性。

（2）采用箭头表示　如图 1-6b 所示，箭头方向为参考方向。

（3）采用双下标表示　如图 1-6c 所示，U_{AB} 表示参考方向是由 A 指向 B。

在规定了参考方向后，电压和电动势成为代数量。若分析电路时计算出的电压或电动势值为正，则参考方向与实际方向一致；反之，则参考方向与实际方向相反。

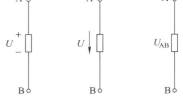

a) 参考极性表示　b) 箭头表示　c) 双下标表示

图 1-6　电压和电动势的参考方向

4. 关联参考方向

在规定了电压和电流的参考方向后，若电压和电流的参考方向选取一致，则称为关联参考方向，如图 1-7a 所示；若不一致，则称为非关联参考方向，如图 1-7b 所示。

a) 关联参考方向　　　　　　　　b) 非关联参考方向

图 1-7　电压和电流的参考方向

1.2.3　电功率和电能

1. 电功率

如图 1-5 所示，正电荷在电场力的作用下，从高电位移至低电位使电能减少；正电荷在电源力的作用下，吸收电能后从低电位移回高电位。在这些电能转换中，电能的转换速率称为电功率，简称功率，用符号 P 表示。其定义式为

$$P = \mathrm{d}W/\mathrm{d}t \tag{1-5}$$

式中，$\mathrm{d}W$ 为 $\mathrm{d}t$ 时间内转换的电能。

功率 P 也可以表示为

$$P = \frac{\mathrm{d}W}{\mathrm{d}t} = \frac{u\mathrm{d}q}{\mathrm{d}t} = ui \tag{1-6}$$

直流时有

$$P = UI \tag{1-7}$$

在国际单位制中，功率的单位是瓦[特]，符号为 W。功率常用的单位还有千瓦（kW），毫瓦（mW）等。它们之间的换算关系是

$$1\mathrm{W} = 10^{-3}\mathrm{kW} = 10^{3}\mathrm{mW}$$

式（1-6）和式（1-7）是在电压与电流的参考方向一致时的表达式。当电压与电流的参考方向不一致时，表达式应加 "－" 号，即

$$p = -ui \quad 或 \quad P = -UI \tag{1-8}$$

无论电压与电流的参考方向是否一致，代入相应的公式后，如果计算结果为正值，说明元件实际消耗（吸收）功率，在电路中为负载或起负载的作用；若得到的功率为负值，说明元件实际发出（产生）功率，在电路中为电源或起电源的作用。当然，根据能量守恒定律，电路中元件发出的功率之和应该等于元件吸收的功率之和，即整个电路的功率是平衡的。

2. 电能

在时间 t 内，电路转换的电能为

$$W = \int_0^t p\mathrm{d}t \tag{1-9}$$

直流时有

$$W = Pt \tag{1-10}$$

在国际单位制中，电能的单位是焦[耳]，符号为 J。另外，工程上常用"度"作为电能的单位。它等于功率为 1kW 的用电设备在 1h 内消耗的电能，即

$$1\ 度 = 1\mathrm{kW} \cdot \mathrm{h} = 1000\mathrm{W} \times 3600\mathrm{s} = 3.6 \times 10^6\mathrm{J}$$

例 1-1　图 1-8 所示是某电路中的一部分，已知 $U_1 = 5\mathrm{V}$，$U_2 = 3\mathrm{V}$，$I = -2\mathrm{A}$。（1）求元件 1、2 的功率，并说明它们是消耗还是发出功率，起电源作用还是负载作用；（2）若元件 3 消耗功率为 14W，求 U_3；（3）求 A、B 端的总功率及在 1h 内消耗电能为多少度。

解：（1）元件 1 的电压与电流参考方向不一致，故

$$P_1 = -U_1 I = -5\mathrm{V} \times (-2)\mathrm{A} = 10\mathrm{W}$$

$P_1 > 0$，元件 1 消耗功率，起负载作用。

元件 2 的电压与电流参考方向一致，故

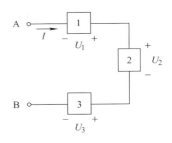

$$P_2 = U_2 I = 3V \times (-2)A = -6W$$

$P_2 < 0$，元件 2 发出功率，起电源作用。

（2）元件 3 的电压与电流参考方向一致，且消耗功率（$P > 0$），有

$$P_3 = U_3 I = 14W$$

$$U_3 = \frac{P}{I} = \frac{14W}{(-2)}A = -7V$$

（3）总功率为

$$P = P_1 + P_2 + P_3 = (10 - 6 + 14)W = 18W$$

$$W = Pt = 18 \times 10^{-3}kW \times 1h = 0.018 \,度$$

图 1-8 例 1-1 电路

1.2.4 电流、电压及功率的测量

1. 电流的测量

电流的测量通常是用电流表来实现的。测量电流时必须将电流表串联于被测电流支路中，如图 1-9 所示。应强调的是电流表不能与任何负载并联，更不能与电源并联，否则会因流过电流表的电流过大而烧毁电流表。在连接时应注意电流表的正端一定要接到电路中的高电位，否则表针将反向偏转，不仅无法读数而且可能撞坏表针。

由于电流表本身具有电阻（内阻），串联接入电路后相当于负载串联了一个电阻，会改变电路的参数，造成测量误差。为了不改变电路的工作状态、减小误差，应选择内阻远远小于负载电阻的电流表。通常认为电流表的内阻是负载的 1/100 左右时，电流表对测量的影响可忽略不计。

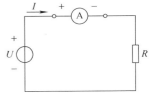

图 1-9 电流表接线图

电流表的量程一般较小，为了测量大电流，需采取扩大量程的措施，其方法是采用分流器或电流互感器，如图 1-10 所示。

（1）分流器法 当测量直流大电流时，可在仪表内或仪表外附加一个并联的小电阻，然后再串联在电路中测量，这个小电阻就称为分流器。

分流器的额定值有额定电流和额定电压。常见的额定电压有 45mV 和 75mV 两种规格。若电流表的电压量程与分流器的额定电压一致，就可以和分流器并联，这时电流表的量程就扩大到分流器上所标注的额定电流值。

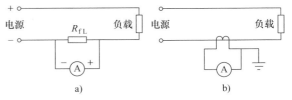

图 1-10 电流表的扩容

（2）电流互感器 当测量交流大电流时，可以使用电流互感器来扩大量程。只要选择适当交流比的电流互感器，就可以将电流表的量程扩大到所需范围。

2. 电压的测量

测量电路中电压的仪表称为电压表。测量电压时必须将电压表并联于被测元件的两端，如图 1-11a 所示。为了减小误差，应选择内阻远远大于负载电阻的电压表进行测量。

通常在电压表回路中串联一个高阻值的附加电阻来扩大电压表的直流量程，如图 1-11b 所示。也可以使用电压互感器来扩大电压表的交流量程，如图 1-11c 所示。

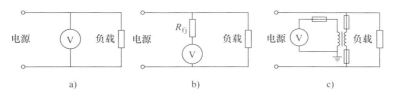

图 1-11　电压表的连接

3. 功率的测量

一般采用电动式功率表来测量交直流功率。如图 1-12 所示，它有两组线圈。固定线圈导线较粗，与负载 R 串联，流过负载电流，称为电流线圈。活动线圈导线较细，与附加电阻 R_F 串联后与负载并联，称为电压线圈，用于测量负载两端的电压。

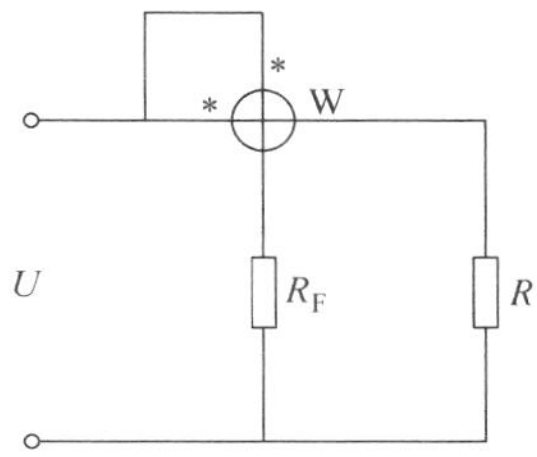

功率表中的电流线圈和电压线圈各有一个接线端上标有"＊"号。单相功率表的电压线圈"＊"端可以和电流线圈"＊"端接在一起，称为前接法，用于负载电阻远大于功率表电流线圈电阻的情况；电压线圈"＊"端也可以和电流线圈的无符号端连在一起，称为后接法，适用于负载电阻远小于功率表电压线圈电阻的情况。

图 1-12　功率表接线图

使用功率表时应正确选择功率表的电压、电流量程，才能进行正确测量。

1.3　基本电路元件

1.3.1　电阻及其使用常识

1. 电阻

电阻元件是对电流有阻碍作用、消耗电能的实际材料或元件的理想化电路元件，如电炉、电灯等消耗电能，并将电能转换为热能、光能的实际元件可用电阻来反映。电阻用字母 R 表示，单位是欧姆（Ω）。常用的电阻单位还有千欧（$k\Omega$）、兆欧（$M\Omega$）。它们之间的换算关系是

$$1M\Omega = 10^3 k\Omega = 10^6 \Omega$$

在关联参考方向下，当电阻两端的电压和流过的电流成正比关系时，称为线性电阻，其伏安特性如图 1-13a 所示，是过原点的直线。当电阻两端的电压和流过的电流不成正比关系

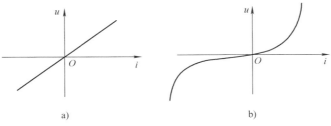

图 1-13　电阻的伏安特性

时，其伏安特性是过原点的曲线，如图 1-13b 所示，称为非线性电阻。

2. 电阻的使用常识

选用电阻时要考虑的参数有两个：电阻的大小（即电阻的标称阻值）和电阻的额定功率。

（1）标称阻值　在大多数电阻上，都标有电阻的阻值，这就是电阻的标称阻值。标称阻值是国家规定的电阻产品的标准。电阻的标称阻值与实际阻值不完全相符，其偏差除以标称阻值所得的百分数称为电阻的误差。一般电路常采用 ±5% 或 ±10% 误差的电阻，它们在电阻上分别用金色和银色色环表示。误差为 ±5% 的电阻标称阻值系列有：1.0、1.1、1.2、1.3、1.5、1.6、1.8、2.0、2.2、2.4、2.7、3.0、3.3、3.6、3.9、4.3、4.7、5.1、5.6、6.2、6.8、7.5、8.2、9.1。误差为 ±10% 的电阻标称阻值系列有：1.0、1.2、1.5、1.8、2.2、2.7、3.3、3.9、4.7、5.6、6.8、8.2。

电阻的标称阻值常用数字法和色环法标注在电阻上。数字法就是直接将阻值标在电阻阻体上，如 1kΩ，标注为 1k。色环法就是用色环表示电阻大小，通常有 4 环和 5 环两种。将误差色环定为最后一位，4 环法中前两位为数字，第三位为倍乘，5 环法中前三位为数字，第四位为倍乘。色环颜色黑、棕、红、橙、黄、绿、蓝、紫、灰、白分别对应数字 0、1、2、3、4、5、6、7、8、9。以 4 环法为例，如标有黄紫橙金色的电阻是 $47\Omega \times 10^3 = 47k\Omega$，误差为 ±5%。

（2）电阻的额定功率　电阻长时间工作允许消耗的最大功率称为额定功率。电阻的额定功率也有标称值。常用的有 1/8W、1/4W、1/2W、1W、2W、3W、5W、10W、20W。选用电阻的时候，要留有一定的余量，应选标称功率比实际消耗的功率大一些的电阻，以保证电路及元件的安全。

1.3.2 电感

当实际电感器的导线电阻被忽略时，电感器就成为理想的电感元件，简称电感。电感用字母 L 表示，单位是亨利（H）。常用的电感单位还有毫亨（mH）、微亨（μH）。它们之间的换算关系是

$$1H = 10^3 mH = 10^6 \mu H$$

电感有电流流过时将产生磁通 Φ_L，若磁通与 N 匝线圈都交链，则磁通链 $\Psi_L = N\Phi_L$。Ψ_L 是由电流产生的，当 Ψ_L 与电流的参考方向符合右手螺旋定则时，有

$$\Psi_L = Li \tag{1-11}$$

当电感两端电压和流过电流为关联参考方向时，根据楞次定律有

$$u = \frac{d\Psi_L}{dt}$$

把式（1-11）代入上式，得到

$$u = L\frac{di}{dt} \tag{1-12}$$

由式（1-12）可以看出，电感元件的电压与流过电流的变化率成正比。对于直流电，电流不随时间变化，则 $u=0$，电感相当于短路。

理想的电感元件不消耗能量，是一种储能元件。只要有电流，电感就储存磁场能。

1.3.3　电容及其使用常识

1. 电容

电容元件是实际电容器的理想化模型，简称电容。电容是一种能储存电场能量的元件。电容用字母 C 表示，单位是法拉（F）。常用的电容单位还有微法（μF）、皮法（pF）。它们之间的换算关系是

$$1F = 10^6 \mu F = 10^{12} pF$$

如图 1-14 所示，电容上的电压参考方向由正极板指向负极板，则极板上储存的电荷为

$$q = Cu \qquad (1\text{-}13)$$

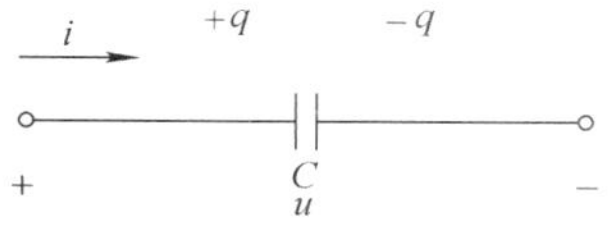

在图 1-14 中，当 u、i 为关联参考方向时

$$i = \frac{dq}{dt} = C\frac{du}{dt} \qquad (1\text{-}14)$$

图 1-14　电容

由式(1-14)可以看出，电流与电容元件两端电压的变化率成正比。对于直流电，电压不随时间变化，则 $i = 0$，电容相当于开路。

2. 电容的使用常识

选用电容时要考虑的参数有两个：电容的容量大小（即电容的标称容量）和电容的耐压。

（1）标称容量　电容上标有的容量是电容的标称容量。标称容量与实际容量会有误差。常用误差等级有 ±5%、±10%、±20%。常用电容的标称容量见表 1-1。

表 1-1　常用电容的标称容量

电容类别	允许误差	容量范围	标称容量系列
纸介电容、金属化纸介电容、纸膜复合介质电容、低频（有极性）有机薄膜介质电容	±5% ±10% ±20%	100pF ~ 1μF	1.0　1.5　2.2　3.3　4.7　6.8
		1μF ~ 100μF	1　2　4　6　8　10　15　20　30　50　60　80　100
高频（无极性）有机薄膜介质电容、瓷介电容、玻璃釉电容、云母电容	±5%		1.1　1.2　1.3　1.5　1.6　1.8　2.0　2.4　2.7　3.0　3.3　3.6　3.9　4.3　4.7　5.1　5.6　6.2　6.8　7.5　8.2　9.1
	±10%		1.0　1.2　1.5　1.8　2.2　2.7　3.3　3.9　4.7　5.6　6.8　8.2
	±20%		1.0　1.5　2.2　3.3　4.7　6.8
铝、钽、铌、钛电解电容	±10% ±20%		1.0　1.5　2.2　3.3　4.7　6.8

标称容量在标注时，容量小于 10000pF 用 pF 做单位，大于 10000pF 用 μF 做单位。大于 100pF 而小于 1μF 的电容常常不注单位。没有小数点的，单位是 pF；有小数点的，单位是 μF。

（2）电容的耐压　电容长时间工作能承受的最大直流电压称为电容的耐压。电容常用的耐压系列值有 1.6V、4V、6.3V、10V、16V、25V、32V、40V、50V、63V、100V、125V、160V、250V、300V、400V、450V、500V、630V、1000V。选用电容的时候，一定要留有余量，以防止电容被击穿。

1.4 电路的三种状态

根据负载的不同情况，电路可分为空载、短路和负载三种状态。现以图 1-15 所示最简单的直流电路为例进行讨论。图中 U_S、U 和 R_S 分别为电源的源电压、端电压和内阻，R 为负载，U_O 为负载的端电压。

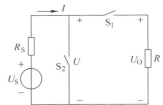

图 1-15 最简单的直流电路

1.4.1 空载状态

空载状态又称为开路状态。如图 1-15 所示，当开关 S_1、S_2 均断开时，电路就处于该状态。这时，电源和负载不能构成通路，负载上电流为零。对于电源来说，外电路(除电源以外的电路)的电阻等于无穷大。此时的电源端电压称为开路电压，用 U_{OC} 表示。

电路处于开路状态时，有如下特点：

1）电路中电流为零，即 $I = 0$。

2）$I = 0$，内阻 R_S 上的电压降为零，因而开路电压等于电源的源电压，有关系式 $U_{OC} = U_S$。

3）开路时，负载与电源断开，负载两端电压为零，$U_O = 0$。

1.4.2 短路状态

由于某种原因，电源两端直接连在一起的情况称为短路状态。如图 1-15 所示，开关 S_1、S_2 均闭合即为短路状态，也就是图 1-16 所示电路。此时外电路的电阻近似为零，这时电流不再流过负载，而是经过短路线回到电源负极。

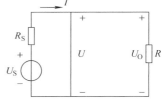

图 1-16 电路的短路状态

很显然，电路中电源和负载都被短路，端电压为零，即 $U = U_O = 0$。

短路时的电流称为短路电流 I_S，由图 1-16 可知 $I = I_S = U_S / R_S$。

短路时外电路电阻为零，电源内阻一般又很小，因此短路电流很大。该电流流过电源，会造成发热使电源损坏，甚至严重发热引起火灾。因而在实际工作中，短路是一种严重事故。工作人员应该经常检查电气设备和线路的工作情况，尽力防止由于短路而引起的事故发生。此外，通常还在电路中接入熔断器等短路保护电器，以便在短路发生时能迅速切断故障电路，达到安全的目的。

例 1-2 如图 1-15 所示，进行开路实验时，测得 $U = 9V$，进行短路实验时，测得 $I_S = 10A$。求 U_S 及 R_S 的值。

解：电源开路时，有

$$U_S = U = 9V$$

短路状态时 $I_S = U_S / R_S$，故电源内阻为

$$R_S = \frac{U_S}{I_S} = 0.9\Omega$$

本例是求电源电压和内阻的一种实验方法。

1.4.3　负载状态

将图 1-15 中开关 S_2 打开，S_1 闭合，就是电路的负载状态，如图 1-17 所示。此时电路中的电流为 $I = U_S / (R_S + R)$。

一般，电源的电压 U_S 和内阻 R_S 是固定的，电流 I 的大小由负载 R 决定。电源和负载两端的电压为 $U = U_0 = U_S - IR_S$。

电路在三种状态下的电流、电压及功率见表 1-2。

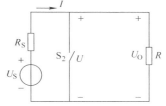

图 1-17　电路的负载状态

表 1-2　电路在三种状态下的电流、电压及功率

电路状态	电流	电压	电源消耗功率	负载功率
空载	$I = 0$	$U = U_S$	$P_E = 0$	$P_R = 0$
短路	$I = I_S = U_S / R_S$	$U = 0$	$P_E = I_S^2 R_S$	$P_R = 0$
负载	$I = U_S / (R_S + R)$	$U = U_S - IR_S$	$P_E = UI$	$P_R = UI$

1.4.4　额定值

在实际工作中，生产厂家给每一个产品都规定了电压、电流和功率等参数的最大使用限额，以保证产品安全可靠地长时间运行，这个使用限额称为额定值。额定值通常标在产品的铭牌或说明书上。常用的三个额定值有额定电压 U_N、额定电流 I_N 和额定功率 P_N。如灯泡上标有额定值 220V/60W，则说明灯泡在 220V 电压下可以正常工作，其消耗的功率是 60W。

产品的额定值是使用者使用该产品的重要依据。实际工作时，设备或元器件的实际电压、电流等值不一定等于额定值，这就要求使用者根据其额定值合理地使用电气设备或元器件，这样才能安全、可靠地使用，并使设备最大限度地发挥出作用。否则，如果设备在高于额定值的状态下工作，会由于发热，使设备损伤，影响寿命，甚至烧毁；而在低于额定值的状态下运行时，会使设备不能正常工作或不能充分发挥作用，甚至损坏设备。因此，应尽可能地使设备或元器件工作在额定状态下。

例 1-3　某直流电源的额定参数为 $P_N = 100W$，$U_N = 25V$，内阻 $R_S = 0.25\Omega$。试求：（1）额定电流 I_N 及额定工作时的负载电阻 R_N；（2）短路电流 I_S。

解：（1）根据 P_N、U_N 可求出其他额定值。

额定电流：
$$I_N = \frac{P_N}{U_N} = \frac{100W}{25V} = 4A$$

额定负载：
$$R_N = \frac{U_N}{I_N} = \frac{25V}{4A} = 6.25\Omega$$

（2）先求出该电源的源电压：
$$U_S = I_N(R_S + R_N) = 4A \times (0.25 + 6.25)\Omega = 26V$$

则短路电流：
$$I_S = \frac{U_S}{R_S} = \frac{26V}{0.25\Omega} = 104A$$

短路电流是额定电流的 26 倍，因此发生短路后，电源很容易被烧毁。因此应尽量避免短路发生。

1.5 独立电源与受控电源

1.5.1 电压源

1. 理想电压源

理想电压源是一个理想电路元件，其端电压总保持恒定值或是给定的时间函数，而与输出电流无关。如大家熟悉的电池，若它的内阻为零，那么不论流过的电流为何值，电池的电压恒等于电池的电动势，这时电池就是一个理想电压源。

理想电压源有两个特点：

1）电压是一个定值或为给定的时间函数，与流过的电流无关。

2）流过的电流由电压源和与之相连的外电路共同决定。如对一个 10V 的直流电压源：如果接 2Ω 的负载，则输出的电流为 $10V/2\Omega=5A$；如果接 5Ω 的负载，则输出的电流为 $10V/5\Omega=2A$。

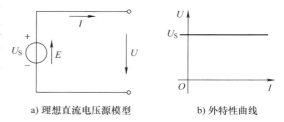

a) 理想直流电压源模型   b) 外特性曲线

理想直流电压源模型如图 1-18a 所示。理想直流电压源的外特性曲线（表征端电压与输出电流之间的关系）如图 1-18b 所示，是

图 1-18 理想直流电压源模型及外特性曲线

一条与横轴平行的直线。表明理想直流电压源的电压恒等于 U_S，与电流大小无关。

2. 实际电压源

理想电压源实际上是不存在的。因为存在内阻，任意一个实际的电压源在能量转换过程中都存在功率损耗。因此实际电压源可用理想电压源串联内阻的形式作为电路模型。如图 1-19a 点画线框内所示，U_S 与 R_S 的串联为实际电压源。R_L 为负载电阻，其端电压为 U，输出电流为 I。

由图 1-19a 可知，端电压为

$$U = U_S - R_S I \qquad (1\text{-}15)$$

当电压源开路时，$I=0$，$U=U_S$；当电压源短路时，$U=0$，$I=I_S=U_S/R_S$。

由式（1-15）可得电压源外特性曲线，如图 1-19b 所示。曲线表明，实际电压源的端电压不再恒定，而与输出电流有关。当输出电流增大时，内阻损耗增大，端电压会随之下降。因此希望电压源内阻越小越

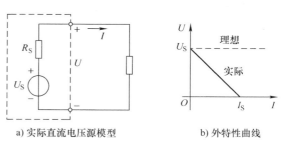

a) 实际直流电压源模型   b) 外特性曲线

图 1-19 实际直流电压源模型及外特性曲线

好。内阻越小，则直线越平，越接近于理想电压源。一般，若一个电源的内阻远小于负载，即 $R_S \ll R_L$，就认为该电源为理想电压源。常用的稳压电源在工作时输出电压基本不随外电路变化，可近似看做是理想电压源。

1.5.2　电流源

1. 理想电流源

理想电流源也是一个理想电路元件。它向外输出的电流为恒定值或为给定的时间函数，而与端电压无关。

理想电流源有两个基本特性：

1）理想电流源向外输出的电流为恒定值或为给定的时间函数，而与端电压无关。

2）它的电压由电流源和与之相连的外电路共同决定。

理想直流电流源模型及外特性曲线如图1-20所示。

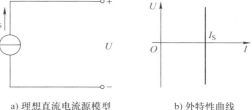

a) 理想直流电流源模型　　　b) 外特性曲线

图 1-20　理想直流电流源模型及外特性曲线

2. 实际电流源

实际上理想电流源也是不存在的。实际电流源的电流总有一部分在电源内部流动而不会全部输出。可以用理想电流源与内阻并联组合作为实际电流源的电路模型，如图 1-21a 所示。I_S 与 R_S 的并联是实际电流源模型，其端电压为 U，I 为输出到外电路的电流，R_L 为负载电阻。

由图 1-21a 可知，电流源输出电流 I 为

$$I = I_S - \frac{U}{R_S} \tag{1-16}$$

当电流源开路时，$I=0$，$U=I_S R_S$；当电流源短路时，$U=0$，$I=I_S$。

由式（1-16）可得电流源的外特性曲线，如图 1-21b 所示。曲线表明内阻 R_S 越大，直线越陡，越接近理想电流源。如果一个电

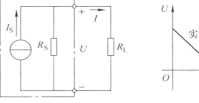

a) 实际直流电流源模型　　　b) 外特性曲线

图 1-21　实际直流电流源模型及外特性曲线

源的内阻远大于负载电阻即 $R_S \gg R_L$ 时，就有 $I=I_S$，可以认为该电流源是理想电流源。通常恒流电源、光电池等都近似看做理想电流源。

1.5.3　电压源与电流源的等效变换

电压源与电流源都是从实际电源中抽象出来的模型，即一个实际电源既可以用理想电压源与内阻串联的电压源模型表示，也可以用理想电流源并联内阻的电流源模型来表示。对外电路来说，这两种模型输出的电压和电流是相等的，是互相等效的。当然，它们的等效必须满足一定的条件。

电压源模型中表达式 $U = U_S - R_S I$ 也可以转换为表达式 $I = U_S/R_S - U/R_S$，与电流源模型的输出电流 $I = I_S - U/R_S$ 相比较可知，电压源与电流源之间的等效变换条件是内阻 R_S 相等，且

$$I_S = U_S/R_S \tag{1-17}$$

在对两种电源模型等效变换时应注意以下几点：

1）变换时，两个电路模型中 U_S 和 I_S 的参考方向如图 1-22 所示，即 I_S 的参考方向是由

U_S的负极指向正极性端。

2）两种电源模型间的互相变换是它们对外电路的等效，在电源内部是不等效的。对外电路而言，两种电源模型可以给负载提供相同的输出端电压 U 和输出电流 I，而两个电源内部的功率一般是不同的。例如，当两电源模型均开路时（$I = 0$），电压源的内部电流为零，电源内阻不消耗功率；而电流源的内部仍有电流 I_S，内阻上有功率消耗。

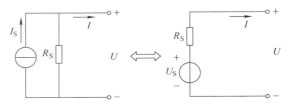

图 1-22　两种电源模型的等效变换

3）理想电压源和理想电流源之间不能进行等效变换。理想电压源要求在任何电流下端电压保持恒定，实际中找不到能满足该特性的电流源，因此无法等效。同样，理想电流源也没有等效的电压源模型。

4）两种电源模型的等效变换，不仅仅局限于内阻 R_S，可推广至任意电阻。即一个理想电压源与一个电阻串联的电路组合，都可以变换为一个理想电流源与该电阻并联的电路组合，反之亦然。该电阻不一定就是电源内阻。互相变换的条件是电阻不变，且

$$I_S = \frac{U_S}{R} \quad \text{或} \quad U_S = I_S R \tag{1-18}$$

例1-4　有一电源，其 $U_S = 9V$，内阻 $R_S = 1\Omega$，当负载 $R_L = 8\Omega$ 时：（1）分别用两种电路模型计算电源输出的电压 U 和输出电流 I；（2）分别计算两电路中内阻上的电压降和电源内部的损耗。

解：画出电源的电流源模型和电压源模型，如图 1-23 所示。

（1）计算电压 U 和电流 I。

在图 1-23a 所示电流源模型中：

$$I_S = \frac{U_S}{R_S} = \frac{9V}{1\Omega} = 9A$$

$$I = \frac{R_S}{R_S + R_L} I_S = \frac{1}{1+8} \times 9A = 1A$$

$$U = IR_L = 1A \times 8\Omega = 8V$$

在图 1-23b 所示电压源模型中：

$$U = U_S \frac{R_L}{R_L + R_S} = 9V \times \frac{8}{9} = 8V$$

$$I = U/R_L = 1A$$

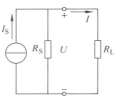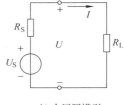

a) 电流源模型　　　　b) 电压源模型

图 1-23　例 1-4 图

（2）计算内阻上的电压降和电源内部的损耗。

在图 1-23a 所示电流源模型中：

内阻电压降就等于电流源输出电压 8V。

损耗为　　　　　　　　　$P = U^2/R_S = 64W$

在图 1-23b 所示电压源模型中：

内阻电压降为　　　　　　$IR_S = 1A \times 1\Omega = 1V$

损耗为　　　　　　　　　$P = I^2 R_S = 1W$

由第（1）步计算可见，两种电路模型输出的电压和电流是相等的，因此对外电路来说，两种模型互相之间是可以等效的；比较第（2）步的计算值，显然两种电源模型内部是不等效的。

例 1-5　在图 1-24a 所示电路中，已知 $U_{S1} = U_{S2} = 6V$，$I_{S1} = 6A$，$R_1 = R_2 = 2\Omega$，$R_3 = 1\Omega$，$R_4 = 13\Omega$，求电流 I。

解：利用电源的等效变换，将图 1-24a 所示电路中的电压源 U_{S1} 变换为电流源，如图 1-24b 所示。

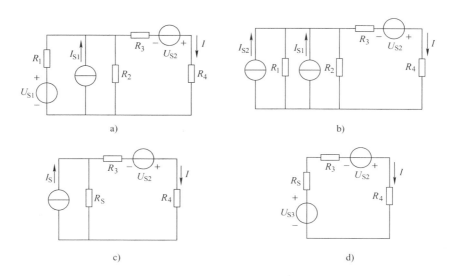

图 1-24　例 1-5 图

在图 1-24b 所示电路中：

$$I_{S2} = \frac{U_{S1}}{R_1} = 3A$$

将两个电流源合并成一个电流源，如图 1-24c 所示，则有

$$I_S = I_{S1} + I_{S2} = 3A + 6A = 9A$$

$$R_S = R_1 /\!/ R_2 = 1\Omega$$

再将电流源 I_S 等效变换为电压源，如图 1-24d 所示。图 1-24d 中：

$$U_{S3} = I_S R_S = 9A \times 1\Omega = 9V$$

$$I = \frac{(U_{S2} + U_{S3})}{(R_S + R_3 + R_4)} = \frac{(9V + 6V)}{(1\Omega + 1\Omega + 13\Omega)} = 1A$$

1.5.4　受控电源

前面介绍的电压源和电流源不受外电路影响而独立存在，是独立电源。在实际电路中还有另一类电源，称为受控电源，特点是电源不能独立存在，其电压或电流受电路中另一处的电压或电流控制，并随之而变。受控电源用菱形方框表示。根据控制量和受控量不同，受控电源有四种类型：电压控制电压源（简称 VCVS）、电压控制电流源（简称 VCCS）、电流控制电压源（简称 CCVS）、电流控制电流源（简称 CCCS）。图 1-25 分别给出了它们的符号，控制系数 μ、Y、g、β 都是常数。其中 Y 以电阻为量纲，g 以电导为量纲，μ、β 无量纲。必须指出受控电源不代表激励，不能为电路提供能量。

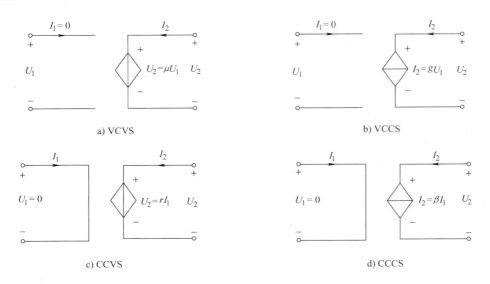

a) VCVS　　　　　　　　　　b) VCCS

c) CCVS　　　　　　　　　　d) CCCS

图 1-25　受控电源

1.6　基尔霍夫定律

基尔霍夫定律是由德国物理学家基尔霍夫提出来的。它是电路的基本定律之一，包含有基尔霍夫电流和基尔霍夫电压两条定律。

为了便于讨论，先介绍几个有关的名词。

1）支路：电路中流过同一电流的每一个分支，都称为支路。如图 1-26 所示，该电路有 ADC、ABC、AC 三个支路。

2）节点：电路中三个或三个以上支路的连接点称为节点。如图 1-26 所示，该电路有两个节点：A 和 C。

3）回路：由一个或多个支路组成的闭合路径称为回路。如图 1-26 所示，该电路共有三个回路：ABCA、ACDA 和 ABCDA。

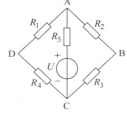

图 1-26　电路举例

1.6.1　基尔霍夫电流定律

基尔霍夫电流定律简称 KCL。它是描述电路中连接在同一节点上各支路电流之间关系的定律。KCL 的内容是：任意时刻，流过电路中任一节点的各支路电流的代数和恒等于零。其数学表达式（又称为 KCL 方程）为

$$\sum i = 0 \tag{1-19}$$

在运用 KCL 方程前，必须首先假定每一支路电流的参考方向，再根据参考方向是流入还是流出节点来假定该电流的正、负。如果规定流入节点的电流为正（带"＋"号），则流出节点的电流就为负（带"－"号），反之亦然。

例如，在图 1-27 所示电路中，对节点 A 有电流 I_1、I_2 流入，I_3、I_4 流出，可列出 KCL 方程为

$$I_1 + I_2 - I_3 - I_4 = 0$$

上式也可以写为

$$I_1 + I_2 = I_3 + I_4$$

所以基尔霍夫电流定律也可以描述为在任意时刻，流入某一节点的电流之和等于流出该节点的电流之和。

KCL 不仅适用于电路中的任一节点。图 1-27 所示的基尔霍夫电流定律举例可以推广应用于电路中任一假设的闭合面。将一个闭合面看做是一个广义节点，就有：通过电路中任一假设闭合面的各支路电流的代数和恒等于零。

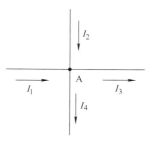

图 1-27　基尔霍夫电流定律举例

例 1-6　如图 1-27 所示，假设 $I_1 = 3A$，$I_2 = -1A$，$I_3 = -2A$，试求 I_4。

解：由 KCL 可列出：

$$I_1 + I_2 - I_3 - I_4 = 0$$
$$3A + (-1A) - (-2A) - I_4 = 0 \qquad (1\text{-}20)$$

得

$$I_4 = 4A$$

式（1-20）中有两套正负号。括号外的正负号是使用 KCL 时，根据电流的参考方向是流入还是流出节点来确定的，而括号内的正负号是电流本身数值具有的。在使用 KCL 时，必须加以注意。

例 1-7　列出图 1-28 所示电路中各电流的关系。

解：可将流过 I_1、I_2、I_3 的这部分电路假想为闭合面 S，对 S 可列出 KCL 方程：

$$I_1 + I_2 + I_3 = 0$$

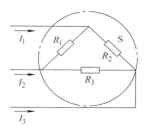

图 1-28　例 1-7 图

1.6.2　基尔霍夫电压定律

基尔霍夫电压定律简称 KVL，用它可以确定回路中各部分电压之间的关系。

基尔霍夫电压定律指出：在任意时刻，沿任一回路绕行一周，回路中各部分电压的代数和等于零。其数学表达式（或称为 KVL 方程）为

$$\sum u = 0 \qquad (1\text{-}21)$$

在应用该定律时，必须先假定各部分电压的参考方向和回路的绕行方向（可以是顺时针，也可以是逆时针），然后再确定各部分电压值的正或负。若电压参考方向与回路绕行方向一致则取"＋"号，相反则取"－"号。

图 1-29 所示为图 1-26 所示电路的一部分，在该回路中假定顺时针为绕行方向，各部分电压的参考方向标注如图。可以列出 KVL 方程为

$$-U + U_2 + U_3 + U_5 = 0$$

基尔霍夫电压定律的另一种表达形式是：任意时刻，沿任一回路绕行一周，电位升之和等于电位降之和。因而图 1-29 所示电路的 KVL 方程也可写为

$$U = U_2 + U_3 + U_5$$

KVL 可以推广到任何一个不闭合的回路。图 1-30 所示电路在 AB

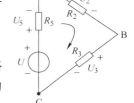

图 1-29　基尔霍夫电压定律举例

间开路，当假设了开路电压 U_{AB} 后，就可以列出 KVL 方程为

$$\sum U = -U_S + IR_S + U_{AB} = 0$$

或

$$U_S = IR_S + U_{AB}$$

用 KVL 方程可以很方便地计算出电路中任一部分电压。

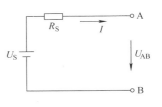

图 1-30　基尔霍夫电压
定律推广

基尔霍夫两个定律分别指出了电路中各电流之间和各部分电压之间的约束关系。这种关系与电路的结构和元件的连接方式有关，而与元件的性质无关。所以，不论元件是线性的还是非线性的，电流和电压是直流的还是交流的，KCL 和 KVL 都是成立的。

例 1-8　在图 1-31 所示电路中，求 I_2 及电压 U_{BD}。

解：对节点 B 列 KCL 方程：

$$-I_1 + 2A + (-6A) = 0$$

得

$$I_1 = -4A$$

对节点 C 列 KCL 方程：

$$I_1 + 1 - I_2 = 0$$

得

$$I_2 = -3A$$

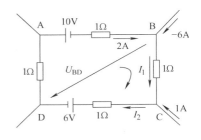

图 1-31　例 1-8 电路

对不闭合的回路 BCDB 列 KVL 方程：

$$1\Omega \times (-4A) + 1\Omega \times (-3A) + 6V - U_{BD} = 0$$

得

$$U_{BD} = -1V$$

1.7　电路中电位的概念及计算

前面曾经介绍过电压的概念：两点间的电压就是两点的电位差。电压只说明两点之间的电位相差多少，而电路中某点的电位具体是多少，就需要用电位这个概念来描述。

由物理学可以知道，电位即电场中某点的电势，它的大小等于电场力把单位正电荷从该点移到参考点所做的功。因而要确定电路中各点的电位，必须先在电路中选取一个参考点。参考点选定后电路中其他点的电位都有了确定值，其大小等于该点与参考点之间的电位差（电压）。

参考点的选取原则上是任意的。工程上通常选取大地或与大地相连的部件（如设备的机壳）作为参考点，规定其电位为零。在没有与大地相连的电路中，通常选取许多支路汇集的公共点作为参考点，用接地符号表示。如图 1-32a 所示，选 C 点为参考点（$V_C = 0$），A、B 两点的电位分别为

$$V_A = V_A - V_C = U_{AC} = 3V$$
$$V_B = V_B - V_C = U_{BC} = -3V$$

选取的参考点不同，电路中各点的电位也不同，但是任意两点之间的电位差（电压）是不变的。即各点电位的高低是相对的，而两点之间的电压是绝对的。如图 1-32b 所示，选取 A 点为参考点，则有

$$V_A = 0$$

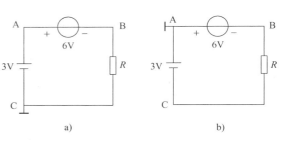

图 1-32　电位的计算

$$V_B = V_B - V_A = U_{BA} = -6V$$
$$V_C = V_C - V_A = U_{CA} = -3V$$

参考点不同，使得 A、B、C 三点的电位不同。但是 A、B 之间的电压不变，图 1-32a、b 中，都有

$$U_{AB} = V_A - V_B = 6V$$

因而必须注意，在分析同一个电路时，只能选取一个电位参考点。

在电子电路中，通常将电路中的恒压源符号省去，各端点标以电位值。图 1-33a 可以简化为图 1-33b。

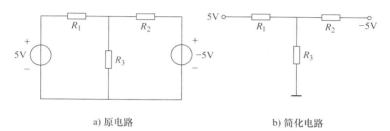

a) 原电路　　　　　　　　　　　b) 简化电路

图 1-33　电路的化简

例 1-9　计算图 1-34 所示电路中开关 S 断开或闭合时 B 点的电位。

解： S 断开时，有

$$I = \frac{(V_A - V_D)}{(R_1 + R_2 + R_3)} = \frac{24V}{30k\Omega} = 0.8mA$$
$$U_{AB} = V_A - V_B$$
$$U_B = V_A - U_{AB} = 12V - 0.8mA \times 20k\Omega = -4V$$

S 闭合时，C 点电位为零。

$$I = \frac{(V_A - V_C)}{(R_1 + R_2)} = \frac{12V}{24k\Omega} = 0.5mA$$
$$U_{BC} = V_B - V_C$$
$$V_B = U_{BC} + V_C = 0.5mA \times 4k\Omega = 2V$$

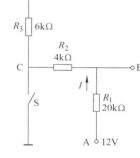

图 1-34　例 1-9 电路

本 章 小 结

1. 由理想电路元件组成的理想电路，是从实际元件组成的实际电路中抽象出来的理想化模型，简称电路。任何一个完整的电路都是由电源、负载及中间环节三部分组成。电路根据其功能不同可分为电力电路和信号电路两大类。

2. 电流、电压、电动势是分析电路的基本物理量，其参考方向是人为任意规定的。在假定的参考方向下，电流、电压、电动势都是代数值。参考方向与实际方向相同时为正值，反之为负值。

3. 根据功率 P 的数值可以确定电路中元件的作用。当元件的 U、I 参考方向一致时，用 $P = UI$ 计算；反之，U、I 参考方向不一致则用 $P = -UI$ 计算。若计算出 $P > 0$，说明元件消耗电功率，为负载；若 $P < 0$ 则说明元件提供功率，为电源。

4. 电路有空载、短路和负载三种状态。短路状态是应当避免的。为使设备安全、经济地运行，应使其工作在额定状态下。

5. 独立电源有电压源和电流源两种模型。电压源模型是理想电压源 U_S 与内阻 R_S 的串联，电流源模型是理想电流源 I_S 与内阻 R_S 的并联。它们之间可以等效变换。变换时电阻不变，且有关系式 $U_S = I_S R_S$。电流源的电流方向是由电压源的低电位端指向高电位端。

6. 基尔霍夫定律是电路的基本定律，KCL($\sum i = 0$)可应用于电路中任一广义节点，KVL($\sum u = 0$)可适用于任一闭合或不闭合回路中各元件上电压的计算。

7. 确定电路中各点的电位时，必须先选取且仅选取一个参考点，参考点的电位为零。某点的电位就是该点到参考点的电压。各点的电位值与参考点的选取位置有关，而两点间的电压值与参考点的选取无关。

思考与习题

1-1 在图 1-35 中，已知电流 $I = -5A$，$R = 10\Omega$。试求电压 U，并标出电压的实际方向。

1-2 在图 1-36 所示电路中，3 个元件代表电源或负载。电压和电流的参考方向如图所示，通过实验测量得知：$I_1 = -4A$，$I_2 = 4A$，$I_3 = 4A$，$U_1 = 140V$，$U_2 = -90V$，$U_3 = 50V$。试求：

(1) 各电流的实际方向和各电压的实际极性。

(2) 计算各元件的功率，判断哪些元件是电源？哪些元件是负载？

(3) 校验整个电路的功率是否平衡。

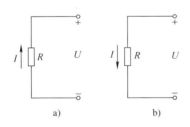

图 1-35 题 1-1 图

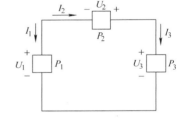

图 1-36 题 1-2 图

1-3 在图 1-37 中，方框代表电源或负载。已知 $U = 220V$，$I = -1A$，试问哪些方框是电源，哪些是负载？

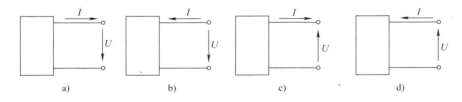

图 1-37 题 1-3 图

1-4 在图 1-38 所示电路中，已知 A、B 段产生功率 1500W，其余三段消耗功率分别为 1000W、350W、150W，若已知电流 $I = 20A$，方向如图所示。

(1) 标出各段电路两端电压的极性。

(2) 求出电压 U_{AB}、U_{CD}、U_{EF}、U_{GH} 的值。

(3) 从(2)的计算结果中，能看出整个电路中电压有什么规律性吗？

1-5 有一 220V、60W 的电灯，接在 220V 的电源上，试求通过电灯的电流和电灯在 220V 电压下工作时的电阻。如果每晚用 3h，问一个月消耗电能多少？

1-6　将额定电压 110V、额定功率分别为 100W 和 60W 的两只灯泡，串联在端电压为 220V 的电源上使用，这种接法会有什么后果？它们实际消耗的功率各是多少？如果是两个 110V、60W 的灯泡，是否可以这样使用？为什么？

1-7　有一直流电源，其额定功率为 150W，额定电压为 50V，内阻为 1Ω，负载电阻可以调节。试求：（1）额定状态下的电流及额定负载。（2）开路状态下的电源端电压。（3）电源短路状态下的短路电流。

1-8　图 1-39 所示电路可以用来测试电源的电动势和内阻。已知 $R_1 = 2\Omega$，$R_2 = 4.5\Omega$。当只有开关 S_1 闭合时，电流表读数为 2A；当只有 S_2 闭合时，电流表读数为 1A。试求电源的 E 和 R_S。

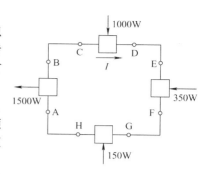

图 1-38　题 1-4 图

1-9　在图 1-40 所示电路中，已知 $E = 100V$，$R_1 = 2k\Omega$，$R_2 = 8k\Omega$。试在（1）$R_3 = 8k\Omega$；（2）$R_3 = \infty$（即 R_3 处断开）；（3）$R_3 = 0$（即 R_3 处短接）三种情况下，分别求电压 U_2 和电流 I_2、I_3。

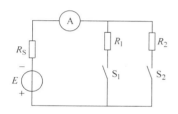

图 1-39　题 1-8 图

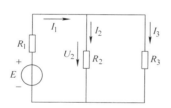

图 1-40　题 1-9 图

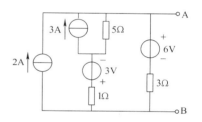

图 1-41　题 1-10 图

1-10　试等效简化图 1-41 所示网络。

1-11　求图 1-42 中的电流 I。

1-12　在图 1-43 所示电路中，试求：

（1）开关 S 断开时 A 点的电位。

（2）开关 S 闭合时 A 点的电位。

（3）开关 S 闭合时 A、B 两点电压 U_{AB}。

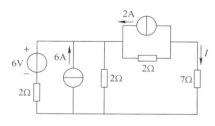

图 1-42　题 1-11 图

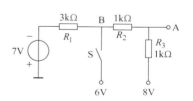

图 1-43　题 1-12 图

1-13　指出图 1-44 所示各电路中 A、B、C 点的电位。

1-14　在图 1-45 所示电路中，已知 $U_S = 16V$，$I_S = 2A$，$R_1 = 12\Omega$，$R_2 = 1\Omega$。求开关 S 断开时开关两端的电压 U 和开关 S 闭合时通过开关的电流 I。

1-15　在图 1-46 所示电路中，已知 $I_1 = 0.1A$，$I_2 = 3A$，$I_5 = 9.6A$，试求电流 I_3、I_4 和 I_6。

1-16　求图 1-47 所示电路中的电流 I。

1-17　在图 1-48 所示电路中，已知 $U_1 = 3V$，$R_1 = 10\Omega$，$R_2 = 5\Omega$，$R_3 = 4\Omega$，其他各电流如图所示。试求电路中电流 I_X 和电压 U。

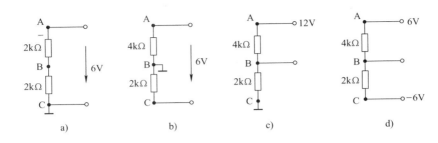

图 1-44　题 1-13 图

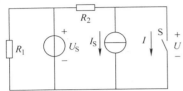

图 1-45　题 1-14 图

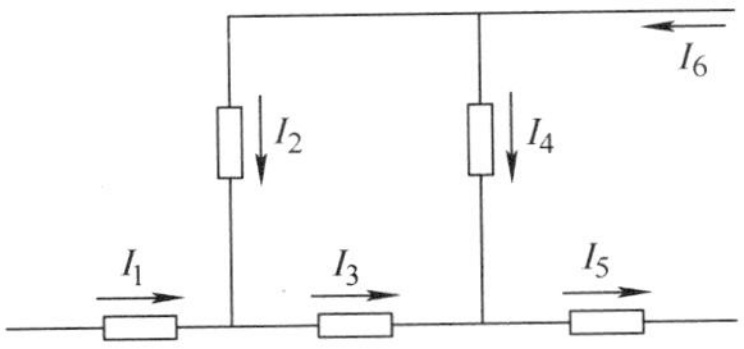

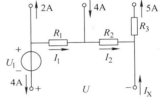

图 1-46　题 1-15 图

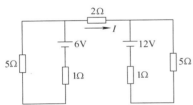

图 1-47　题 1-16 图

图 1-48　题 1-17 图

1-18　求图 1-49 所示电路中各电流源上的电压。

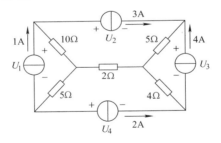

图 1-49　题 1-18 图

第 2 章 电阻电路的分析方法

> **内容提要：** 本章将介绍分析电阻电路的一些基本方法和定理，主要有欧姆定律、电路的等效变换、支路电流法、叠加原理和戴维南定律。

2.1 简单电阻电路的分析

由线性电阻元件和电源组成的电路称为线性电阻电路，简称电阻电路。电阻电路中的电源可以是直流的，也可以是交流的。如果电路中都是直流电源，称为直流电路。本章以直流电路为例进行研究，所得结论也适用于交流电源电路。

2.1.1 欧姆定律

欧姆定律是电路的基本定律之一。它指出：流过电阻的电流与电阻两端的电压成正比。数学表达式为

$$R = \frac{U}{I} \tag{2-1}$$

应用欧姆定律时要注意电压和电流的参考方向。若电阻两端的电压和流过的电流具有相同的参考方向，如图 2-1a 所示，则数学表达式为

$$U = IR \tag{2-2}$$

如图 2-1b 所示，若两者的参考方向不一致，则欧姆定律的数学表达式为

$$U = -IR \tag{2-3}$$

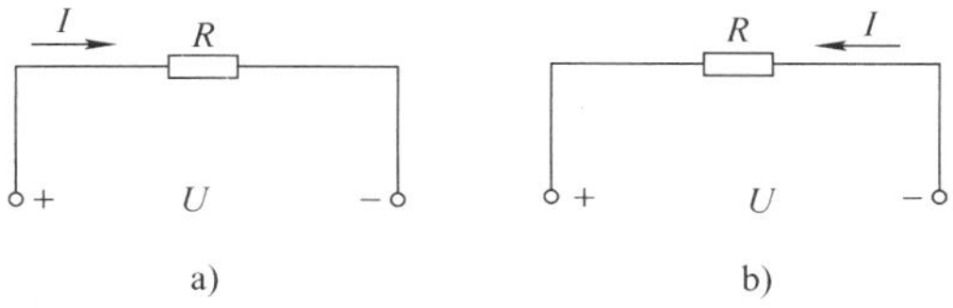

图 2-1 欧姆定律

例 2-1 求图 2-1 中的电阻 R。其中，图 2-1a 中 $U = 6V$，$I = 3A$，图 2-1b 中 $U = -6V$，$I = 2A$。

解： 图 2-1a 中电压和电流参考方向相同，所以

$$R = \frac{U}{I} = \frac{6V}{3A} = 2\Omega$$

图 2-1b 中电压和电流参考方向不相同，因此

$$R = -\frac{U}{I} = -\frac{(-6V)}{2A} = 3\Omega$$

由计算可见，欧姆定律中有两套正负号。数学表达式中的正负号（括号外的正负号）是由欧姆定律中电压和电流的参考方向是否一致得到的。此外，电压和电流本身还有正负之分（括号内的正负号）。因而，应用时要注意。

2.1.2 电阻的串联

在电阻电路中，电阻的连接形式是多种多样的。如果电路中有两个或两个以上电阻一个接一个地顺序相连，并且通过各电阻的电流相同，这种接法称为电阻的串联。

图 2-2a 所示为最简单的两个电阻串联的电路。U 是串联电阻电路的端口电压，I 为电阻电路电流。根据 KVL 有

$$U = U_1 + U_2 = (R_1 + R_2)I \qquad (2\text{-}4)$$

对外电路来说，在电阻电路的端口电压 U 和电流 I 保持不变的条件下，如果电阻的串联可以用一个电阻来等效代替，则该电阻称为等效电阻 R。图 2-2a 的等效电阻如图 2-2b 所示。根据欧姆定律，图 2-2b 中有关系式

$$U = RI \qquad (2\text{-}5)$$

式（2-4）和式（2-5）中的 U、I 相同，因而等效电阻 $R = R_1 + R_2$。串联电阻的等效电阻等于各电阻之和。这个结论可以推广至 n 个电阻的串联，即

$$R = \sum_{k=1}^{n} R_k = R_1 + R_2 + \cdots + R_n \qquad (2\text{-}6)$$

式（2-6）是串联等效电阻的计算公式。串联等效电阻 R 大于任一串联电阻。

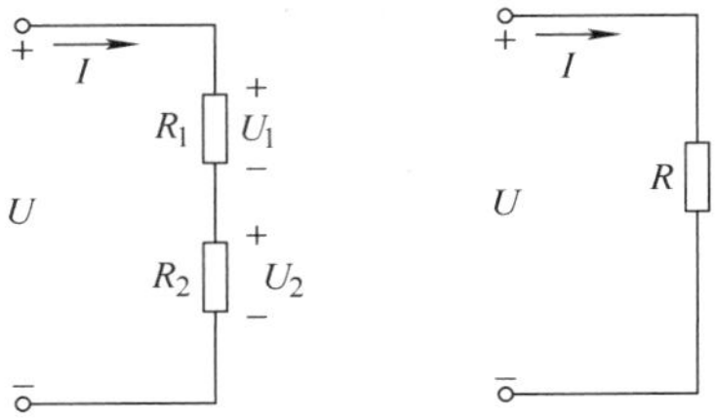

电阻串联时，各电阻上的电压为

$$U_k = R_k I = \frac{R_k}{R} U \qquad (2\text{-}7)$$

a) 电阻的串联　　b) 等效电阻

图 2-2　串联电阻的等效

各个串联电阻的电压与电阻值成正比，因此，按各个串联电阻的电阻值对总电压进行分配。式（2-7）称为电压分配公式，简称分压公式。图 2-2a 中两个电阻分得的电压分别为

$$U_1 = R_1 I = \frac{R_1}{R_1 + R_2} U$$

$$U_2 = R_2 I = \frac{R_2}{R_1 + R_2} U$$

例 2-2　如图 2-3 所示，用一个满刻度偏转电流为 $50\mu A$、电阻 R_g 为 $2k\Omega$ 的表头，制成 20V 量程的直流电压表，应串联多大的电阻 R？

解： 满刻度时，表头电压为

$$U_g = IR_g = 50\mu A \times 2k\Omega = 0.1V$$

则

$$U_R = 20V - 0.1V = 19.9V$$

代入分压公式，得

$$19.9V = \frac{R}{R + 2k\Omega} \times 20V$$

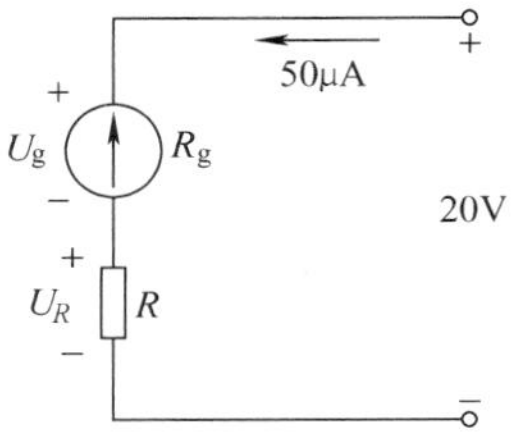

图 2-3　例 2-2 图

解得

$$R = 398k\Omega$$

串联电阻起分压作用。在本例题中，当负载的额定电压 U_g 低于电源电压时，需要与负载串联一个电阻，来分担一部分电压，这是电阻串联的常见应用。另外，与负载串联一个电

阻，可以用来限制负载中通过过大的电流，这种限流应用也是十分常见的。

　　例 2-3　电路如图 2-4 所示。已知某发光二极管的正向导通电压为 2V，其工作电流约为 10mA，现将该发光二极管接在 5V 的电源上，试计算正常工作时，需串联多大的限流电阻 R?

　　解：列出电路的 KVL 得

$$2V + 10mA \times R = 5V$$

$$R = 300\Omega$$

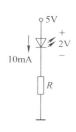

图 2-4　例 2-3 图

2.1.3　电阻的并联

　　在电路中，将两个或多个电阻连接在两个公共的节点之间，使各个电阻两端具有相同的电压，这种连接方式称为电阻的并联。

　　图 2-5a 所示为 n 个电阻的并联。同样，在 U、I 保持不变的情况下，多个电阻的并联也可以用一个等效电阻来代替，如图 2-5b 所示。等效电阻的倒数等于各个并联电阻的倒数之和，即

$$\frac{1}{R} = \frac{1}{R_1} + \frac{1}{R_2} + \cdots + \frac{1}{R_n} = \sum_{k=1}^{n} \frac{1}{R_k} \tag{2-8}$$

　　由式（2-8）可见，并联等效电阻小于任一并联电阻。式（2-8）也可以表示为

$$G = G_1 + G_2 + \cdots + G_n = \sum_{k=1}^{n} G_k \tag{2-9}$$

式中，G 称为电导，是电阻的倒数。在国际单位制中，电导的单位是西门子（S）。

　　并联电阻的电压相等，因此通过各电阻的电流为

$$I_k = G_k U = \frac{G_k}{G} I \tag{2-10}$$

　　即每个电阻的电流与它们各自的电导成正比，与各自的电阻成反比。也就是电阻越大，分配的电流越小，反之分得的电流越大。式（2-10）将总电流按各个并联电导值进行分配的关系式称为电流分配公式，简称分流公式。由分流公式可知，电阻并联起分流作用。

　　在电路分析时，常遇到两个电阻并联的特例，如图 2-6 所示，此时等效电阻为

$$R = \frac{1}{\frac{1}{R_1} + \frac{1}{R_2}} = \frac{R_1 R_2}{R_1 + R_2}$$

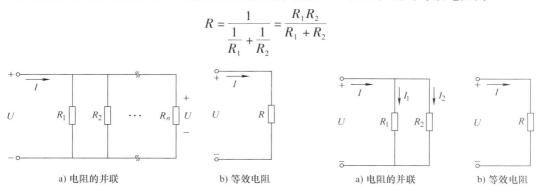

a) 电阻的并联　　　b) 等效电阻　　　　　　a) 电阻的并联　　　b) 等效电阻

图 2-5　并联电阻的等效　　　　　　图 2-6　两个电阻的并联等效

各个电阻上电流为

$$I_1 = \frac{R_2}{R_1 + R_2}I \qquad I_2 = \frac{R_1}{R_1 + R_2}I$$

例 2-4　如图 2-7 所示，将一个满刻度偏转电流为 $50\mu A$、电阻 R_g 为 $2k\Omega$ 的表头，制成量程为 20mA 的直流电流表，应并联的分流电阻 R 为多大？

解：由分流公式得

$$I_1 = \frac{R}{R_g + R}I$$

解得　　　　　　　　　$R = 5.013\Omega$

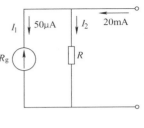

图 2-7　例 2-4 图

2.1.4　电阻的混联

电路中电阻的串联和并联同时存在，这种连接方式称为电阻的串、并联或混联。电阻混联的电路形式繁多，在计算时求解步骤一般是：

1）识别各电阻的串、并联关系，将电路逐步化简，用一个等效电阻来代替。

2）用欧姆定律算出总电压(或总电流)。

3）用分流公式和分压公式分别解出各个所求电阻上的电流和电压。

例 2-5　求图 2-8a 所示电路中 A、B 两点间的等效电阻 R_{AB}。已知 $R_1 = 5\Omega$，$R_2 = 6\Omega$，$R_3 = 3\Omega$，$R_4 = 20\Omega$，$R_5 = 10\Omega$，$R_6 = 8\Omega$。

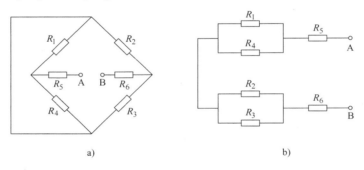

a)　　　　　　　　　　　　　　　　b)

图 2-8　例 2-5 图

解：首先根据电阻串联与并联的特征，看清哪些电阻是串联的，哪些是并联的。在图 2-8a 中 R_1 与 R_4 是并联的，R_2 与 R_3 是并联的。因而化简为图 2-8b 所示的电路。等效电阻为

$$R_{AB} = R_5 + R_1 /\!/ R_4 + R_2 /\!/ R_3 + R_6$$

$$= R_5 + \frac{R_1 R_4}{R_1 + R_4} + \frac{R_2 R_3}{R_2 + R_3} + R_6 = 24\Omega$$

例 2-6　已知电路如图 2-9a 所示，$R_1 = R_3 = R_5 = R_7 = R_8 = 1\Omega$，$R_2 = R_4 = R_6 = 2\Omega$。（1）求等效电阻 R_{AO}；（2）若外加电压 U_{AO} 为 100V，求 U_{BO}、U_{CO}、U_{DO} 和 U_{EO}。

解：（1）求等效电阻 R_{AO}。根据电阻串联与并联的特征，简化图 2-9a 所示电路，可依次得到图 2-9b、c、d 所示电路。

在图 2-9b 所示电路中，R_7 串联 R_8 后再并联 R_6 的等效电阻 $R_{DO} = \frac{R_6(R_7 + R_8)}{(R_6 + R_7 + R_8)} = 1\Omega$

在图 2-9c 所示电路中，R_5 串联 R_{DO} 后再并联 R_4 的等效电阻 $R_{CO} = \dfrac{R_4(R_5 + R_{DO})}{(R_4 + R_5 + R_{DO})} = 1\Omega$

图 2-9d 所示电路中，R_3 串联 R_{CO} 后再并联 R_2 的等效电阻 $R_{BO} = \dfrac{R_2(R_3 + R_{CO})}{(R_2 + R_3 + R_{CO})} = 1\Omega$

则等效电阻 R_{AO} 为 R_1 与 R_{BO} 的串联，$R_{AO} = R_1 + R_{BO} = 2\Omega$

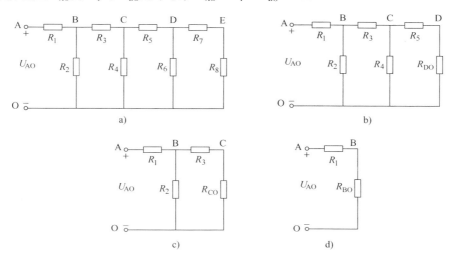

图 2-9　例 2-6 图

（2）在图 2-9d 所示电路中，利用分压公式，有

$$U_{BO} = \frac{R_{BO}}{R_1 + R_{BO}} U_{AO} = 50V$$

由图 2-10c 所示电路可见，R_3 与 R_{CO} 串联分电压 U_{BO}，因此 $U_{CO} = \dfrac{R_{CO}}{R_3 + R_{CO}} U_{BO} = 25V$

在图 2-10b 所示电路中，R_5 与 R_{DO} 串联分电压 U_{CO}，因此 $U_{DO} = \dfrac{R_{DO}}{R_5 + R_{DO}} U_{CO} = 12.5V$

在图 2-10a 所示电路中，有 R_7 与 R_8 串联分电压 U_{DO}，因此 $U_{EO} = \dfrac{R_8}{R_7 + R_8} U_{DO} = 6.25V$

2.2　支路电流法

　　2.1 节介绍了电阻电路的等效变换法，此法只适用于简单的串联、并联、混联电阻电路。对复杂电路往往不宜用该法化简求解。

　　本节介绍的支路电流法是分析复杂电路的最基本方法，原则上讲可以适用于任何电路。它的求解思路是：将每个支路的电流均作为待求的未知量，利用基尔霍夫电流、电压定律列出与未知量数目相同的方程，从中解出各未知支路电流。下面以图 2-10 所示电路为例来介绍支路电流法的求解过程。

　　在图 2-10 中，支路数 $b = 3$，节点数 $n = 2$，以 3 条支

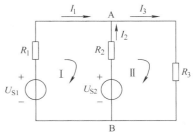

图 2-10　支路电流法举例

路电流 I_1、I_2、I_3 为未知量(各支路电流的参考方向标示见图),因此需列出 3 个独立方程,来联立求解。

首先,根据基尔霍夫电流定律,列出节点的电流方程式。对 A 点列 KCL 方程:

$$I_1 + I_2 - I_3 = 0$$

对 B 点列 KCL 方程:

$$-I_1 - I_2 + I_3 = 0$$

可以看出,以上两个方程是相同的,只有一个是独立的。这个结果可以推广至一般电路:对具有 n 个节点的电路,只能列出 $n-1$ 个独立的 KCL 方程。由此,本例题中得到了 $n-1=1$ 个独立方程式。

再根据基尔霍夫电压定律,列回路的电压方程式。待求的未知量是 3 个支路电流,上述已经列出了 $n-1$ 个独立的 KCL 方程,因此还需补足 $b-(n-1)=2$ 个独立的 KVL 方程。为使列出的 KVL 方程是相互独立的,通常选取网孔来列出 KVL 方程。网孔是平面电路中的回路,在该回路内部不存在其他支路。本例中只有回路 I 和回路 II 满足网孔定义,可以对这两个网孔列 KVL 方程。指定两个网孔顺时针为绕行方向。则网孔 I 有 KVL 方程:

$$U_{S1} + I_2 R_2 = I_1 R_1 + U_{S2}$$

网孔 II 有方程:

$$U_{S2} = I_2 R_2 + I_3 R_3$$

网孔的数目恰好等于 $b-(n-1)=2$,且网孔间是相互独立的,因而得到了 $b-(n-1)$ 个独立的 KVL 方程。

应用 KCL 和 KVL 一共可以列出 $(n-1)+[b-(n-1)]=b$ 个独立方程,它们都以支路电流为变量,所以可以解出 b 个支路电流。

通过如上分析,可以总结出支路电流法解题的一般步骤如下:

1)假定 b 条支路电流的参考方向,确定网孔及网孔绕行方向。
2)对 n 个节点,列出 $n-1$ 个独立节点的 KCL 方程。
3)对各网孔列出 $b-(n-1)$ 个独立 KVL 方程。
4)对上述 b 个独立方程联立求解,得出各支路电流。

例 2-7 在图 2-10 所示电路中,已知 $U_{S1}=25\text{V}$,$U_{S2}=10\text{V}$,$R_1=R_2=5\Omega$,$R_3=15\Omega$。求各支路电流。

解: 根据 KCL、KVL 列出 b 个方程,并代入数据得

$$I_1 + I_2 - I_3 = 0$$
$$25\text{V} + 5\Omega \times I_2 = 5\Omega \times I_1 + 10\text{V}$$
$$10\text{V} = 5\Omega \times I_2 + 15\Omega \times I_3$$

解得 $I_1 = 2\text{A}$ $I_2 = -1\text{A}$ $I_3 = 1\text{A}$

例 2-8 在图 2-11 所示电路中,用支路电流法求电压 U。

解: 本例中有 6 条支路,4 个节点。支路电流的参考方向及网孔绕行方向如图 2-11 所示。I_6 等于电流源的电流,所以

$$I_6 = 2\text{A}$$

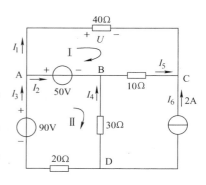

图 2-11   例 2-8 图

列 KCL 独立方程有

对 A 点　　　　$I_3 = I_1 + I_2$

对 B 点　　　　$I_5 = I_2 + I_4$

对 C 点　　　　$I_1 + I_5 + I_6 = 0$

列 KVL 独立方程有

对网孔 I　　　$40\Omega \times I_1 = 10\Omega \times I_5 + 50\text{V}$

对网孔 II　　　$50\text{V} + 20\Omega \times I_3 = 90\text{V} + 30\Omega \times I_4$

解得　　$I_1 = \dfrac{3}{5}\text{A}$　　$I_2 = -1\text{A}$　　$I_3 = -\dfrac{2}{5}\text{A}$　　$I_4 = -\dfrac{8}{5}\text{A}$　　$I_5 = -\dfrac{13}{5}\text{A}$

电压 U 为　　　　　　　　　　　　$U = I_1 \times 40\Omega = 24\text{V}$

2.3　叠加原理

叠加原理是线性电路的一个基本定理。其内容描述为：在线性电路中，有多个独立电源共同作用时，任一支路的电压或电流，等于电路中每个独立电源单独作用时产生的电压或电流的代数和。

一个独立电源单独作用，意味着其他电源不作用，应该除去。对电压源来说，不作用就是输出电压为零，可以用短路代替；对电流源来说，不作用就是输出电流为零，可以用开路代替。要注意，如果电源有内阻，则内阻应保留在原处不能除去。

现仍以图 2-10 所示两电源共同供电的电路为例来具体说明叠加原理。电路图重画如图 2-12a 所示。图 2-12b 所示为 U_{S1} 单独作用的电路，其中 U_{S2} 不作用，用短路代替。此时产生的各支路电流为 I_1'、I_2'、I_3'。图 2-12c 所示为 U_{S2} 单独作用的电路，此时 U_{S1} 不作用，将其短

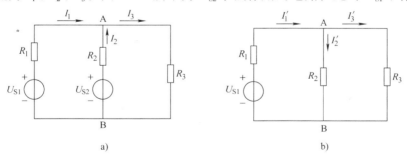

a)　　　　　　　　　　　　　　　　b)

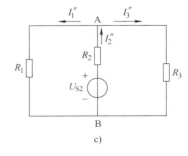

c)

图 2-12　叠加原理举例

路。U_{S2} 产生的各支路电流用 I''_1、I''_2、I''_3 表示。根据叠加原理，电路中 U_{S1} 和 U_{S2} 共同作用时，各支路电流 I_1、I_2、I_3 应等于 U_{S1} 单独作用时产生的各支路电流 I'_1、I'_2、I'_3 与 U_{S2} 单独作用时产生的各支路电流 I''_1、I''_2、I''_3 的代数和。

由图 2-12b 可得

$$I'_1 = \frac{U_{S1}}{R_1 + \dfrac{R_2 R_3}{R_2 + R_3}} = \frac{25\text{V}}{5\Omega + \dfrac{5 \times 15}{5 + 15}\Omega} = \frac{20}{7}\text{A}$$

$$I'_2 = \frac{R_3}{R_2 + R_3}I'_1 = \frac{15\Omega}{15\Omega + 5\Omega} \times \frac{20}{7}\text{A} = \frac{15}{7}\text{A}$$

$$I'_3 = \frac{R_2}{R_2 + R_3}I'_1 = \frac{5\Omega}{15\Omega + 5\Omega} \times \frac{20}{7}\text{A} = \frac{5}{7}\text{A}$$

由图 2-12c 可得

$$I''_2 = \frac{U_{S2}}{R_2 + \dfrac{R_1 R_3}{R_1 + R_3}} = \frac{10\text{V}}{5\Omega + \dfrac{5 \times 15}{5 + 15}\Omega} = \frac{8}{7}\text{A}$$

$$I''_1 = \frac{R_3}{R_1 + R_3}I''_2 = \frac{15\Omega}{15\Omega + 5\Omega} \times \frac{8}{7}\text{A} = \frac{6}{7}\text{A}$$

$$I''_3 = \frac{R_1}{R_1 + R_3}I''_2 = \frac{5\Omega}{15\Omega + 5\Omega} \times \frac{8}{7}\text{A} = \frac{2}{7}\text{A}$$

叠加各分量，得到各支路电流为

$$I_1 = I'_1 - I''_1 = 2\text{A}$$
$$I_2 = I''_2 - I'_2 = -1\text{A}$$
$$I_3 = I'_3 + I''_3 = 1\text{A}$$

与例 2-7 用支路电流法求解的结果一致。

应用叠加原理时，应注意以下几点：

1）叠加原理只适用于线性电路，不适用于非线性电路。

2）各个电源分别单独作用时，对不作用的电源应去掉，即电压源用短路代替，电流源用开路代替，而其他元件(包括电源内阻)都不应变动。

3）将原电路分解成各电源单独作用时，各支路电流、电压的参考方向可以任意假定。但要注意在叠加时是各分量的代数和，即各分量与原电路中总量的参考方向一致取正号，不一致取负号。

4）叠加原理不能用来计算线性电路中的功率。

例 2-9　用叠加原理求图 2-13a 所示电路中的 I。

解： 当电压源单独作用时，电流源用开路代替可得到图 2-13b 所示电路，有 $I' = \dfrac{3\text{V}}{5\Omega + 5\Omega} = 0.3\text{A}$

当电流源单独作用时，电压源用短路代替可得到图 2-13c 所示电路，有 $I'' = \dfrac{5\Omega}{5\Omega + 5\Omega} \times 1\text{A} = 0.5\text{A}$

叠加各分量，可得到 $I = I' - I'' = -0.2\text{A}$

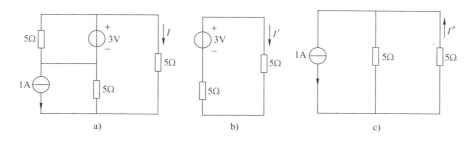

图 2-13　例 2-9 图

2.4　戴维南定律

戴维南定律是分析线性二端口网络的一个重要定律。所谓二端口网络，就是指任何具有两个与外电路相连的端口的电路（网络）。网络内部若含有独立电源，称为有源二端网络，如图 2-14a 所示。网络内无独立电源，称为无源二端网络，如图 2-14b 所示。

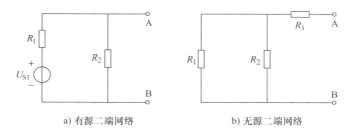

a) 有源二端网络　　　　　　　　　b) 无源二端网络

图 2-14　二端网络

2.4.1　戴维南定律及其应用

戴维南定律指出：任何一个有源二端网络，对其外电路来说，都可以用一个理想电压源和内阻串联的电压源模型来等效代替。该理想电压源的电压等于有源二端网络的开路电压 U_0，内阻 R_S 等于该有源二端网络无源化后的网络等效电阻。

有源二端网络无源化是指将原网络中的所有理想电源除去。除去理想电压源是对其作短路处理，使 $U_S = 0$；除去理想电流源是将其开路，使 $I_S = 0$。

网络等效电阻的求解方法有如下三种：

1）应用电阻串、并联的等效变换法，对无源二端网络加以化简得到网络的等效电阻。

2）将有源二端网络无源化后，在网络端口外加电压 U，计算或测出端口处电流 I，则网络等效电阻 $R = U/I$。

3）测量或计算该有源二端网络的开路电压 U_0 和短路电流 I，则网络等效电阻 $R = U_0/I$。

现仍以图 2-10 所示电路为例介绍戴维南定律的求解过程。电路图重画如图 2-15a 所示，所求未知量为含有电阻 R_3 的支路电流 I_3。断开该支路，剩余的电路为一个有源二端网络。应用戴维南定律可以将其等效为图 2-15b 所示电路。理想电压源电压为有源二端网络的开路

电压 U_0，由图 2-15c 可求出：

$$U_0 = U_{S2} + \frac{U_{S1} - U_{S2}}{R_1 + R_2}R_2 = 17.5\text{V}$$

内阻 R_S 等于图 2-15b 所示的有源二端网络无源化后的网络等效电阻，如图 2-15d 所示。内阻为

$$R_S = \frac{R_1 R_2}{R_1 + R_2} = 2.5\Omega$$

将 U_0、R_S 代入图 2-15b 中，得

$$I_3 = \frac{U_0}{(R_S + R_3)} = \frac{17.5\text{V}}{(15 + 2.5)\Omega} = 1\text{A}$$

与应用支路电流法和叠加定理所解结果均一致。

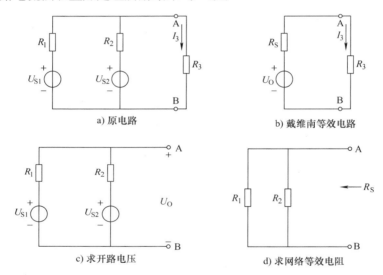

a) 原电路

b) 戴维南等效电路

c) 求开路电压

d) 求网络等效电阻

图 2-15 戴维南定律举例

由上述分析，可得到应用戴维南定律分析电路的一般步骤如下：

1）找到待求量所在支路，将该支路从电路中分离，剩余的电路就是需要等效的有源二端网络。

2）根据戴维南定律画出等效电路。

3）求解有源二端网络的开路电压 U_0。

4）将有源二端网络中电源去除（无源化），解出网络等效电阻 R_S。

5）把 U_0、R_S 代入戴维南定律等效电路，得到待求量。

应用戴维南定律分析电路时，除待求量之外不会引出其他的不必要的支路电流，这是戴维南定律的特点，也是它的优势所在。因此，在分析复杂电路中的某一支路电流时，使用戴维南定律求解往往会更加简单、方便。

例 2-10 用戴维南定律求图 2-16a 所示电路中流经电阻 R_3 的电流 I_3。已知 $I_S = 6\text{A}$，$U_{S1} = 6\text{V}$，$U_{S2} = 24\text{V}$，$R_1 = 3\Omega$，$R_2 = 2\Omega$，$R_3 = 2\Omega$，$R_4 = 2\Omega$。

解： 应用戴维南定律可以将图 2-16a 所示电路等效为图 2-16b 所示电路。由图 2-16c、d

所示电路可求出有源二端网络的开路电压 U_0，由图 2-16e 可求出等效电阻。

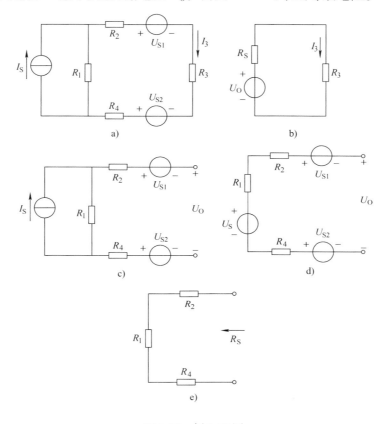

图 2-16　例 2-10 图

$$U_S = I_S R_1 = 18\text{V}$$

$$U_0 = U_S + U_{S2} - U_{S1} = 36\text{V}$$

$$R_S = R_1 + R_2 + R_4 = 7\Omega$$

将 U_0、R_S 代入图 2-17b，得

$$I_3 = \frac{U_0}{(R_S + R_3)} = 4\text{A}$$

例 2-11　用戴维南定律计算图 2-17a 所示电路中的电流 I_L。已知 $U = 32\text{V}$，$R_1 = 16\Omega$，$R_2 = 6\Omega$，$R_3 = 8\Omega$，$R_4 = 40\Omega$，$R_L = 6\Omega$，$I_S = 1\text{A}$。

解：应用戴维南定律可以将图 2-17a 所示电路等效为图 2-17b 所示电路。由图 2-17c 所示电路可求出有源二端网络的开路电压 U_0，由图 2-17d 所示电路可求出等效电阻。

$$I_3 = I_4 + I_S$$

$$U = I_3(R_1 + R_3) + I_4 R_4$$

解得　　　　　　　　$I_3 = 1.125\text{A}$　　　$I_4 = 0.125\text{A}$

因而　　　　　　$U_0 = I_3 R_3 + I_4 R_4 - I_S R_2 = 8\text{V}$

在图 2-17d 所示电路中有

$$R_S = R_2 + R_1 \parallel (R_3 + R_4) = 18\Omega$$

将 U_O、R_S代入图 2-17b 所示电路，得

$$I_L = \frac{U_O}{(R_S + R_L)} = 0.33\,\text{A}$$

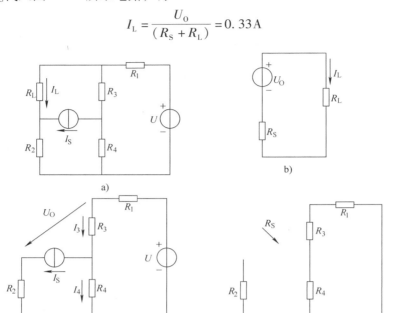

图 2-17　例 2-11 图

2.4.2　诺顿定律

在戴维南定律中，是将有源二端网络用电压源模型来等效代替的，而电压源模型和电流源模型可以相互等效，因此有源二端网络也可以用电流源模型来等效代替。即任何一个有源二端网络，对其外电路来说，都可以用一个理想电流源和内阻并联的电流源模型来等效代替。该理想电流源的电流 I_S 等于有源二端网络的短路电流，内阻 R_S 等于该有源二端网络无源化后的网络电阻，这就是诺顿定律。

例 2-12　用诺顿定律求解图 2-15a 所示电路中的支路电流 I_3。

解：根据诺顿定律可将图 2-15a 所示电路化为图 2-18a 所示的诺顿等效电路。理想电流源的电流 I_S 等于有源二端网络的短路电流，如图 2-18b 所示。

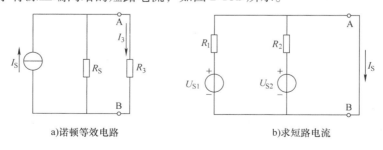

a)诺顿等效电路　　　　　　　　　　　b)求短路电流

图 2-18　诺顿定律举例

$$I_S = \frac{U_{S1}}{R_1} + \frac{U_{S2}}{R_2} = \frac{25\,\text{V}}{5\,\Omega} + \frac{10\,\text{V}}{5\,\Omega} = 7\,\text{A}$$

网络等效电阻的计算与戴维南定律中相同，$R_S = 2.5\Omega$

将 I_S、R_S 代入诺顿等效电路，有

$$I_3 = \frac{R_S}{R_S + R_3}I_S = \frac{2.5\Omega}{15\Omega + 2.5\Omega} \times 7A = 1A$$

与戴维南定律所解一致。

本 章 小 结

1. 欧姆定律：电压与电流参考方向一致为 $U = IR$，电压与电流参考方向不一致为 $U = -IR$。

2. 电阻的等效变换如下：

电阻的串联——串联的等效电阻等于各电阻之和，$R = \sum_{k=1}^{n} R_k$。电阻串联有分压作用，即总电压按各个串联电阻的电阻值进行分配，有分压公式：$U_k = \frac{R_k}{R}U$。

电阻的并联——并联的等效电导等于各电导之和，$G = \sum_{k=1}^{n} G_k$。电阻并联有分流作用，即总电流按各个并联电阻的电导值进行分配，有分流公式：$I_k = \frac{G_k}{G}I$。

特例为两个电阻并联，此时有 $R = \frac{R_1 R_2}{R_1 + R_2}$，$I_1 = \frac{R_2}{R_1 + R_2}I$，$I_2 = \frac{R_1}{R_1 + R_2}I$。

3. 支路电流法是分析电路的最基本方法。它以 b 个支路电流为待求量。利用 KCL，列出 n 个节点中 $n-1$ 个节点的独立 KCL 方程，与 $b-(n-1)$ 个网孔的独立 KVL 方程联立，解出 b 个支路电流。

4. 叠加原理只适用于线性电路中线性参数的计算。它的内容是：多个电源共同产生的某支路的电压或电流等于各电源单独作用时，产生的电压或电流分量的代数和（不作用的理想电压源用短路代替,不作用的理想电流源用开路代替）。

5. 只求复杂电路中的某一支路电流时，一般多用的是戴维南定律。其内容是：任何一个有源二端网络，对其外电路来说，都可以用一个理想电压源和内阻串联的电压源模型来等效代替。该理想电压源的电压等于有源二端网络的开路电压 U_0，内阻 R_S 等于该有源二端网络无源化后的网络等效电阻。

思考与习题

2-1　求图 2-19 所示各电路 A、B 两端的等效电阻。

2-2　试求图 2-20 所示电路 5Ω 电阻上的电压。

2-3　在图 2-21 所示中，$R_1 = R_2 = R_3 = R_4 = 30\Omega$，$R_5 = 60\Omega$，试求开关 S 断开和闭合时 A 和 B 之间的等效电阻。

2-4　电路如图 2-22 所示，已知外加电压 U 为 200V，电路总消耗功率为 400W，求 R 及各支路电流。

2-5　图 2-23 为万用表的直流毫安挡电路。表头内阻 $R_g = 280\Omega$，满标值电流 $I_g = 0.6mA$。要使其量程扩大为 1mA、10mA、100mA，试求分流电阻 R_1、R_2 及 R_3。

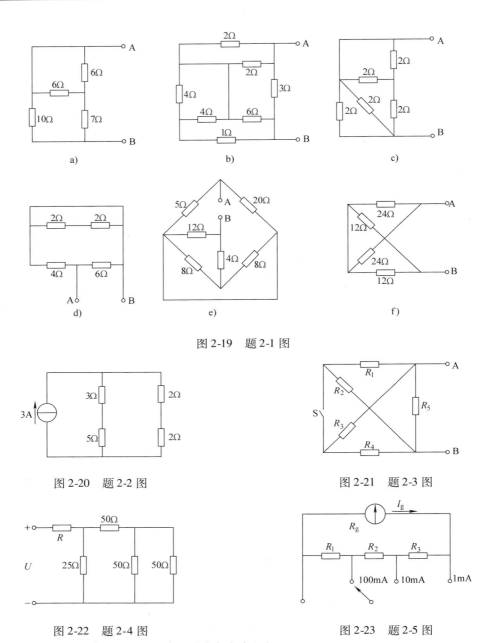

图 2-19　题 2-1 图

图 2-20　题 2-2 图

图 2-21　题 2-3 图

图 2-22　题 2-4 图

图 2-23　题 2-5 图

2-6　用支路电流法求图 2-24 所示各电路中各支路电流。

2-7　列写出图 2-25 所示各电路用支路电流法求解时所需要的独立方程。

2-8　用叠加原理求图 2-26 所示电路的电压 U。

2-9　用叠加原理求图 2-27 所示电路的电流 I_3。已知 $U_{S1} = 9V$，$U_{S2} = -9V$，$I_S = 9A$，$R_1 = R_2 = R_3 = 1\Omega$。

2-10　用叠加原理求图 2-28 所示电路中电流 I。已知 $U_S = 9V$，$I_S = 2A$，$R_1 = 3\Omega$，$R_2 = 3\Omega$，$R_3 = 1.5\Omega$，$R_4 = 6\Omega$，$R_5 = 5\Omega$。

2-11　用叠加原理和戴维南定律求图 2-29 所示电路中流经电阻 R_3 的电流 I_3。已知 $U = 10V$，$I_S = 1A$，$R_1 = 10\Omega$，$R_2 = 5\Omega$，$R_3 = 8\Omega$，$R_4 = 12\Omega$，$R_5 = 1\Omega$。

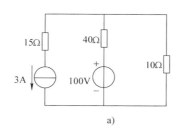
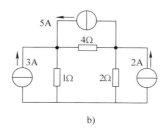

a)   b)

图 2-24   题 2-6 图

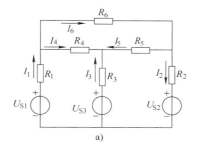
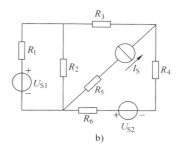

a)   b)

图 2-25   题 2-7 图

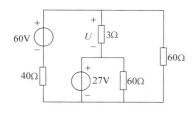
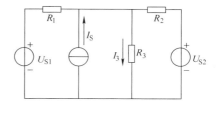

图 2-26   题 2-8 图   图 2-27   题 2-9 图

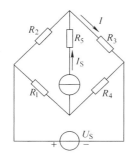
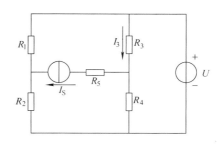

图 2-28   题 2-10 图   图 2-29   题 2-11 图

2-12   求图 2-30 所示各电路的戴维南等效电路。

2-13   用戴维南定律求图 2-31 所示电路中电阻 10Ω 上的电流 I。

2-14   用戴维南定律求图 2-32 所示电路中电阻 20Ω 上的电流 I。

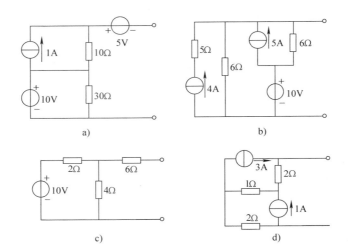

图 2-30 题 2-12 图

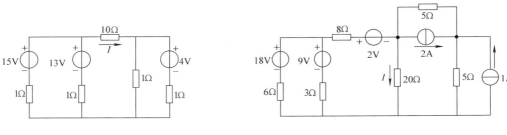

图 2-31 题 2-13 图   图 2-32 题 2-14 图

第3章　单相正弦交流电路

内容提要: 本章介绍正弦交流电的基本概念和相量表示法, 对单一元件及 *RLC* 串、并联电路的单相正弦交流电路进行分析, 介绍正弦交流电路中的功率和功率因数, 最后分析 *RLC* 串、并联谐振电路。

3.1　正弦交流电的基本概念

3.1.1　正弦交流电概述

如图 3-1 所示, 正弦交流电是指大小和方向随时间按正弦规律变化的交流电压和交流电流的总称, 又称为交流电。由于交流电的大小和方向都是随时间不断变化的, 所以在分析和计算交流电路时, 必须先设定参考方向。当交流电的实际方向与参考方向一致时, 其值为正, 反之为负。

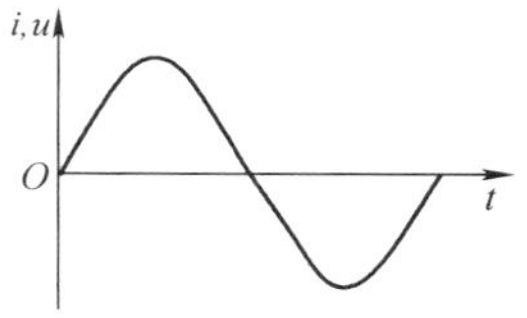

正弦交流电的数学表达式为

$$u = U_m \sin(\omega t + \varphi_u)$$
$$i = I_m \sin(\omega t + \varphi_i) \tag{3-1}$$

图 3-1　正弦交流电的波形

式中, I_m、U_m 称为振幅; ω 称为角频率; φ_i、φ_u 称为初相。正弦量的变化取决于这三个量, 通常把振幅、角频率、初相称为正弦量的三要素。

3.1.2　正弦交流电的周期与频率

一个正弦量变化的快慢可以用周期和频率表示。

1. 周期

正弦交流电完成一次循环所需的时间称为周期, 用字母 T 表示, 单位为秒(s)。

2. 频率

正弦交流电每秒内变化的周数称为频率, 用字母 f 表示, 单位为赫兹(Hz)。频率 f 和周期 T 互为倒数, 即 $f = \dfrac{1}{T}$。

我国和大多数国家都采用 50Hz 作为电力标准频率(工频), 有的国家(如日本、美国、加拿大等)采用 60Hz。在不同的场合也使用着不同频率的交流量, 例如, 音频是 20Hz ~ 20kHz, 无线电广播的中频段频率是 535 ~ 1605kHz 等。

ω 是正弦交流电的角频率, 表示正弦量在单位时间内变化的电角度, 单位为弧度每秒(rad/s)。角频率与频率之间是 2π 的倍数关系, 即 $\omega = 2\pi f$。

3.1.3 正弦交流电的瞬时值、振幅和有效值

正弦交流电的大小可以用瞬时值、振幅和有效值来表示。

1. 瞬时值

正弦交流电在任一瞬间的值称为瞬时值，用小写字母 u、i 表示。

2. 振幅

正弦交流电的最大瞬时值称为振幅，用 U_m、I_m 来表示。

3. 有效值

若交流电流 $i(t)$ 通过电阻 R 在一个周期内所产生的热量和直流电流 I 通过同一电阻 R 在相同时间内所产生的热量相等，则这个直流电流 I 的数值称为交流电流 $i(t)$ 的有效值，有效值用大写字母 U、I 表示。根据热效应相等的原则，可得

$$I^2RT = \int_0^T i^2(t)R\mathrm{d}t$$

交流电流的有效值为

$$I = \sqrt{\frac{1}{T}\int_0^T i^2(t)\mathrm{d}t}$$

$$= \sqrt{\frac{1}{T}\int_0^T I_m^2 \sin^2\omega t\mathrm{d}t} = \frac{I_m}{\sqrt{2}} = 0.707I_m$$

同理，交流电压的有效值为

$$U = \frac{U_m}{\sqrt{2}} = 0.707U_m$$

通常说的交流电压 220V、电流 5A 等都指的是有效值。用交流电压表和电流表测得的数据均为有效值。

例 3-1 已知电压为 $u = 311\sin314t\,\mathrm{V}$，则该电压的最大值、有效值、频率、角频率和周期各是多少？

解： 根据 $u = U_m\sin\omega t$ 可得

$$U_m = 311\,\mathrm{V}$$

$$U = 0.707U_m = 220\,\mathrm{V}$$

$$\omega = 314\,\mathrm{rad/s}$$

$$f = \frac{\omega}{2\pi} = 50\,\mathrm{Hz}$$

$$T = \frac{1}{f} = 0.02\,\mathrm{s}$$

3.1.4 正弦量的相位和相位差

正弦电压的一般表示为 $u = U_m\sin(\omega t + \varphi_u)$，其中的 $\omega t + \varphi_u$ 称为相位或相位角。当 $t = 0$ 时，相位 φ_u 称为正弦量的初相（位），初相确定了正弦量计时的起始位置。

两个同频率正弦量的相位之差称为相位差。

假定两个同频率的正弦量：$u = U_m\sin(\omega t + \varphi_u)$，$i = i_m\sin(\omega t + \varphi_i)$，则相位差为 $\varphi = (\omega t + \varphi_u) - (\omega t + \varphi_i) = \varphi_u - \varphi_i$。可见相位差的大小只取决于两个同频正弦量的初相。规定：相位差的绝对值不得超过 180°，即 $|\varphi| \leqslant \pi$。

同频率正弦量有以下几种相位关系：

当 $\varphi = 0$ 时，称电压与电流同相，如图 3-2a 所示。

当 $\varphi = \pm 180°$ 时，称电压与电流反相，如图 3-2b 所示。

当 $\varphi > 0$ 时，称电压 u 比电流 i 在相位上超前 φ 角，又称电流滞后电压 φ 角，如图 3-2c 所示。

当 $\varphi = \pm 90°$ 时，称电压与电流正交，如图 3-2d 所示。

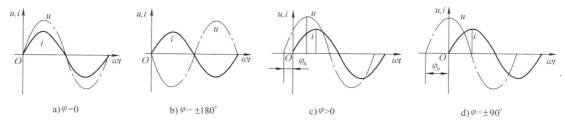

a)$\varphi=0$　　　　b)$\varphi=\pm180°$　　　　c)$\varphi>0$　　　　d)$\varphi=\pm90°$

图 3-2　同频率正弦量的相位关系

例 3-2　判断图 3-3 所示各正弦量的相位关系。

解：图 3-3a：u 和 i 同相；图 3-3b：u_1 超前 u_2；图 3-3c：i_1 和 i_2 反相；图 3-3d：u 和 i 正交。

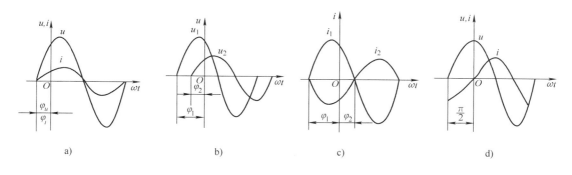

a)　　　　b)　　　　c)　　　　d)

图 3-3　例 3-2 图

3.2　正弦量的相量表示

在分析正弦交流电路时，借助三角函数或正弦波形是非常繁琐且难以运算的。为此电工技术中常采用相量表示法，相量表示法的实质就是用复数表示正弦量的方法。

3.2.1　复数的表达形式

以直角坐标系的横轴为实轴，纵轴为虚轴，该坐标系所在的平面称为复平面。复平面上的点与复数一一对应，如图 3-4 所示。复数的表达形式有 4 种。

1. 代数形式

$$A = a + \mathrm{j}b \qquad (3-2)$$

式中，实数 a 称为实部；实数 b 称为虚部；$\mathrm{j} = \sqrt{-1}$ 称为虚数

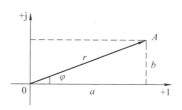

图 3-4　相量的复数表示

单位。复数 A 可用图 3-4 中的 OA 矢量表示。矢量的长度 r 称为复数的模，矢量和实轴的夹角 φ 称为复数的幅角。可以得到

$$r = \sqrt{a^2 + b^2} \qquad \tan\varphi = \frac{b}{a}$$

$$a = r\cos\varphi \qquad b = r\sin\varphi$$

2. 三角函数形式

$$A = r(\cos\varphi + \mathrm{j}\sin\varphi) \tag{3-3}$$

3. 指数形式

根据欧拉公式 $\mathrm{e}^{\mathrm{j}\varphi} = \cos\varphi + \mathrm{j}\sin\varphi$，可得

$$A = r\mathrm{e}^{\mathrm{j}\varphi} \tag{3-4}$$

4. 极坐标形式

$$A = r\angle\varphi \tag{3-5}$$

复数的 4 种表达形式可以互相转换。一般情况下，进行加法和减法运算时采用代数形式比较方便，进行乘法和除法运算时采用指数或极坐标形式较为简捷。复数的运算也可以用作图的方法来实现。加法运算可以在图 3-5 所示复平面上用平行四边形法则完成，相量的乘除运算如图 3-6 所示。

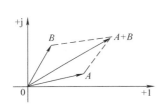

图 3-5　相量的加法运算

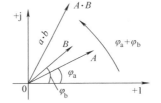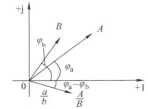

图 3-6　相量的乘除运算

3.2.2　正弦量的相量表示法

要表示正弦量 $i = I_\mathrm{m}\sin(\omega t + \varphi_i)$，可在复平面上作一矢量，其长度等于该正弦量的幅值 I_m，矢量与正实轴的夹角等于初相 φ_i，矢量以 ω 为角速度绕坐标原点逆时针方向旋转，如图 3-7 所示。这个旋转矢量于各个时刻在纵轴上的投影就是该时刻正弦量的瞬时值，即旋转矢量完整地表示了正弦量。任一正弦量都可以找到与之对应的旋转矢量，旋转矢量可以用复数表示，因此正弦量也可以用复数表示，

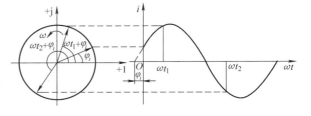

图 3-7　正弦量的相量表示

这个复数称为相量，用大写字母加点"·"表示，如最大值相量表示为 $\dot{I}_\mathrm{m} = I_\mathrm{m}\angle\varphi_i$，有效值相量表示为 $\dot{I} = I\angle\varphi_i$。按照各个同频正弦量的大小和相位关系，在同一坐标中画出它们对应的旋转矢量，这样的图形称为相量图。

例 3-3　试用相量表示 $u_1 = 8\sqrt{2}\sin(314t + 60°)\,\mathrm{V}$，$u_2 = 6\sqrt{2}\sin(314t - 30°)\,\mathrm{V}$，绘出相量

图，并计算 $u = u_1 + u_2$。

解： u_1、u_2 的有效值相量为

$$\dot{U}_1 = 8 \ \angle 60° \ \text{V} = (4 + \text{j}6.9) \ \text{V}$$

$$\dot{U}_2 = 6 \ \angle -30° \ \text{V} = (5.2 - \text{j}3) \ \text{V}$$

$$\dot{U} = \dot{U}_1 + \dot{U}_2 = (4 + \text{j}6.9) \ \text{V} + (5.2 - \text{j}3) \ \text{V} = (9.2 + \text{j}3.9) \ \text{V}$$

$$= 10 \ \angle 23° \ \text{V}$$

相量图如图 3-8 所示。

使用相量表示正弦量，需要说明以下两点：

1）只有正弦周期量才能用相量表示。

2）只有同频率的正弦量才能用相量式或相量图分析、计算。

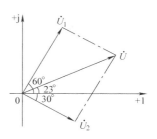

图 3-8　例 3-3 图

3.3　单一元件的正弦交流电路

3.3.1　正弦交流电路中的电阻电路

图 3-9 所示为纯电阻电路。设 $i_R = I_\text{m} \sin\omega t$，电压与电流为关联参考方向，根据欧姆定律电阻两端的电压为

$$u_R = i_R R = I_\text{m} R \sin\omega t = U_\text{m} \sin\omega t \tag{3-6}$$

由式(3-6)可得出如下结论：

1）在正弦交流电路中，电阻元件的电压和电流是同频率的正弦量。

2）电阻元件的电压和电流是同相位的正弦量。

3）电阻交流电路仍然遵循欧姆定律，即

$$U_R = IR \qquad U_{R\text{m}} = I_\text{m} R$$

或
$$\dot{U}_R = \dot{I}R \qquad \dot{U}_{R\text{m}} = \dot{I}_\text{m} R \tag{3-7}$$

电阻元件的电流和电压波形图、相量图如图 3-10 所示。

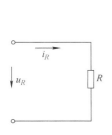

图 3-9　纯电阻电路

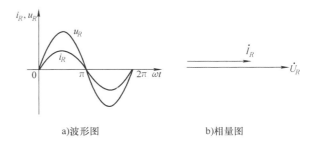

a)波形图　　　　　　　　b)相量图

图 3-10　电阻元件的电流和电压波形图、相量图

3.3.2　正弦交流电路中的电感电路

图 3-11a 所示为纯电感元件的交流电路。

设电压与电流为关联参考方向，$i_L = I_\text{m} \sin\omega t$，则电感两端的电压为

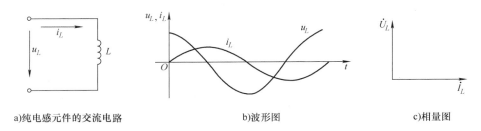

a)纯电感元件的交流电路   b)波形图   c)相量图

图 3-11 电感元件的交流电路及其特性

$$u_L = L\frac{\mathrm{d}i}{\mathrm{d}t} = L\frac{\mathrm{d}(I_{\mathrm{m}}\sin\omega t)}{\mathrm{d}t} = I_{\mathrm{m}}\omega L\cos\omega t = U_{Lm}\sin\left(\omega t + \frac{\pi}{2}\right) \tag{3-8}$$

由式(3-8)可得出如下结论：

1）在正弦交流电路中，电感元件的电压和电流是同频率的正弦量，波形如图 3-11b 所示。

2）电感元件的电压超前电流 90°，相量图如图 3-11c 所示。

3）电感元件的电压、电流关系为

$$U_L = \omega L I = X_L I \qquad U_{Lm} = X_L I_{\mathrm{m}}$$

或 $$\dot{U}_L = \mathrm{j}X_L\dot{I} \qquad \dot{U}_{Lm} = \mathrm{j}X_L\dot{I}_{\mathrm{m}} \tag{3-9}$$

式中，$X_L = \omega L = 2\pi f L$，称为感抗，单位为欧姆（Ω）。感抗与频率成正比。

3.3.3 正弦交流电路中的电容电路

设电容电压 $u_C = U_{\mathrm{m}}\sin\omega t$，选择电容元件的电压与电流为关联参考方向，如图 3-12a 所示，则流过电容的电流为

$$i_C = C\frac{\mathrm{d}u_C}{\mathrm{d}t} = \omega C U_{Cm}\cos\omega t = \omega C U_{Cm}\sin\left(\omega t + \frac{\pi}{2}\right) = I_{Cm}\sin\left(\omega t + \frac{\pi}{2}\right) \tag{3-10}$$

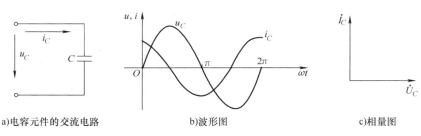

a)电容元件的交流电路   b)波形图   c)相量图

图 3-12 电容元件的交流电路及其特性

由式(3-10)可得出如下结论：

1）在正弦交流电路中，电容元件的电压和电流是同频率的正弦量，波形如图 3-12b 所示。

2）电容元件的电流超前电压 90°，相量图如图 3-12c 所示。

3）电容元件的电压、电流关系为

$$I_C = \omega C U_C = \frac{U_C}{X_C} \qquad I_{Cm} = \frac{U_{Cm}}{X_C}$$

或　　　　　　　　　　　　　　$\dot{U}_C = -jX_C\dot{I}$　　　　$\dot{U}_{Cm} = -jX_C\dot{I}_m$　　　　　　（3-11）

式中，$X_C = \dfrac{1}{\omega C} = \dfrac{1}{2\pi fC}$，称为容抗，单位为欧姆（$\Omega$）。容抗与频率成反比。

例 3-4　电容 $C = 100\mu F$ 接于 $u = 220\sqrt{2}\sin(1000t - 45°)$ V 的电源上。试求：（1）流过电容的电流 I_C。（2）画出电流和电压的相量图。

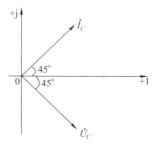

解：（1）$X_C = \dfrac{1}{\omega C} = \dfrac{1}{1000 \times 100 \times 10^{-6}}\Omega = 10\Omega$

$$\dot{U}_C = 220\angle-45° \text{ V}$$

$$\dot{I}_C = \frac{\dot{U}_C}{-jX_C} = \frac{220\angle-45° \text{ V}}{10\angle-90° \Omega} = 22\angle45° \text{ A}$$

所以 $i_C = 22\sqrt{2}\sin(1000t + 45°)$ A

（2）相量图如图 3-13 所示。

图 3-13　例 3-4 的相量图

3.4　电阻、电感与电容串联交流电路

3.4.1　复阻抗的概念

任一无源二端网络如图 3-14 所示，复阻抗 Z 等于无源二端网络的端口电压相量与端口电流相量之比，即

$$Z = \frac{\dot{U}}{\dot{I}} = \frac{U\angle\varphi_u}{I\angle\varphi_i} = |Z|\angle\varphi \qquad (3\text{-}12)$$

式中，$|Z| = \dfrac{U}{I}$，称为电路的阻抗，是复阻抗的模；$\varphi = \varphi_u - \varphi_i$ 为阻抗角，是复阻抗的幅角。复阻抗、阻抗的单位都为 Ω。复阻抗是复数，但不与正弦量对应，故不是相量。

图 3-14　无源二端网络

3.4.2　*RLC* 串联电路及其分析

1. *RLC* 串联电路电流和电压的关系

由电阻、电感、电容相串联构成的电路称为 *RLC* 串联电路，如图 3-15 所示。

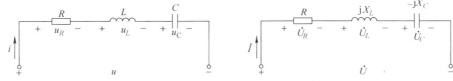

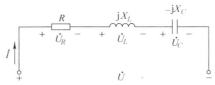

a) *RLC* 串联电路　　　　　　　　　　　　　　b) 相量模型

图 3-15　*RLC* 串联电路及相量模型

设电路中电流 $i = I_m\sin\omega t$ 为参考正弦量，根据基尔霍夫电压定律有

$$\dot{U} = \dot{U}_R + \dot{U}_L + \dot{U}_C$$

将各元件电压、电流的相量关系代入可得

$$\dot{U} = \dot{I}R + j\dot{I}X_L - j\dot{I}X_C = [R + j(X_L - X_C)]\dot{I} = (R + jX)\dot{I} = Z\dot{I}$$

式中，$X = X_L - X_C$，称为电抗。复阻抗 Z 的模 $|Z|$ 和阻抗角 φ 分别是

$$|Z| = \sqrt{R^2 + (X_L - X_C)^2} = \sqrt{R^2 + X^2}$$

$$\varphi = \arctan\frac{X_L - X_C}{R} = \arctan\frac{X}{R}$$

复阻抗 Z 的模 $|Z|$、实部 R、虚部 X 可组成一个阻抗三角形，如图 3-16 所示。

2. 电路的三种情况

根据电抗的不同，电路可分为如下 3 种情况：

1）$X_L > X_C$，此时 $X > 0$，$U_L > U_C$，$\varphi > 0$。总电压比电流超前 φ，表明电感作用大于电容作用，电路呈感性。

2）$X_L < X_C$，此时 $X < 0$，$U_L < U_C$，$\varphi < 0$。电流超前总电压 φ，表明电容作用大于电感作用，电路呈容性。

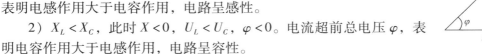

3）$X_L = X_C$，此时 $X = 0$，$U_L = U_C$，$\varphi = 0$。总电压和电流同相，电 图 3-16　阻抗三角形
容作用和电感作用相当，达到平衡，电路呈阻性。当电路达到这种状态时，又称为谐振状态。

用相量图分析电路的方法如下：

1）画出参考正弦量即电流相量 $\dot{I}$ 的方向。

2）画出与 $\dot{I}$ 同相的 $\dot{U}_R$。

3）在 $\dot{U}_R$ 的末端画出超前电流 90° 的 $\dot{U}_L$。

4）在 $\dot{U}_L$ 的末端画出滞后电流 90° 的 $\dot{U}_C$。

5）从 $\dot{U}_R$ 始端到 $\dot{U}_C$ 末端作相量 $\dot{U}$，即为所求电压相量。

RLC 串联电路的电压和电流的相量图如图 3-17 所示。可以看出，电路的总电压和各元件端电压之间的关系也是三角形关系，其有效值为 $U = \sqrt{U_R^2 + (U_L - U_C)^2}$，该三角形称为电压三角形。

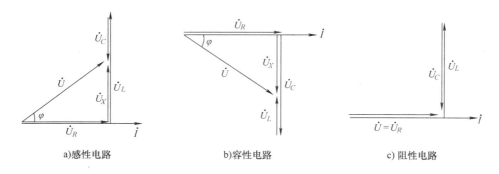

a)感性电路　　　　b)容性电路　　　　c) 阻性电路

图 3-17　RLC 串联电路的电压和电流的相量图

显然电压三角形与阻抗三角形是相似三角形，将阻抗三角形各边乘以电流可得电压三角形各边。

例 3-5 有一 RLC 串联电路，其中 $R = 30\Omega$，$L = 382\text{mH}$，$C = 39.8\mu\text{F}$，外加电压 $u = 220$

$\sqrt{2}\sin(314t + 60°)$ V，试求：（1）复阻抗 Z，并确定电路的性质。（2）$\dot{I}$、$\dot{U}_R$、$\dot{U}_L$、$\dot{U}_C$。

（3）画出相量图。

解：（1）

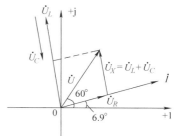

$$Z = R + \text{j}(X_L - X_C) = R + \text{j}\left(\omega L - \frac{1}{\omega C}\right)$$

$$= 30\Omega + \text{j}\left(314 \times 0.382\text{H} - \frac{1}{314 \times 39.8\mu\text{F}}\right)$$

$$= 30\Omega + \text{j}40\Omega = 50 \angle 53.1° \ \Omega$$

因为 $\varphi = 53.1° > 0$，所以此电路为电感性电路。

（2）$\dot{I} = \dfrac{\dot{U}}{Z} = \dfrac{220 \angle 60° \text{ V}}{50 \angle 53.1° \ \Omega} = 4.4 \angle 6.9° \text{ A}$

$\dot{U}_R = \dot{I}R = 132 \angle 6.9° \text{ V}$

$\dot{U}_L = \text{j}\dot{I}X_L = 527.8 \angle 96.9° \text{ V}$

$\dot{U}_C = \text{j}\dot{I}X_C = 352.1 \angle -83.1° \text{V}$

（3）相量图如图 3-18 所示。

图 3-18　例 3-5 的相量图

3.5　正弦交流电路的功率及功率因数

3.5.1　有功功率和功率因数

在交流电中电流、电压都随时间而变化，因此电流和电压的乘积所表示的功率也将随时间而变化。交流电功率可分为瞬时功率、有功功率、无功功率以及视在功率（又称为总功率）。

在图 3-19 所示的二端网络中，设同频正弦交流电压、电流为关联参考方向，其大小分别为 $u = \sqrt{2}U\sin(\omega t + \varphi)$，$i = \sqrt{2}I\sin\omega t$。

瞬时功率为

$$p = ui = 2UI\sin(\omega t + \varphi)\sin\omega t = UI[\cos\varphi - \cos(2\omega t + \varphi)]$$

把一个周期内瞬时功率的平均值称为平均功率，也称为有功功率，用字母 P 表示，即

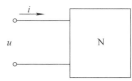

图 3-19　二端网络

$$P = \frac{1}{T}\int_0^T p\,\text{d}t = \frac{1}{T}\int_0^T UI[\cos\varphi - \cos(2\omega t + \varphi)]\,\text{d}t = UI\cos\varphi = UI\lambda$$

$$(3\text{-}13)$$

式中，$\lambda = \cos\varphi$，称为电路的功率因数。可见电路有功功率 P 的大小不仅与电压、电流有效值 U、I 有关，还与功率因数有关。有功功率的单位为瓦（W）。一般电器所标功率即指有功功率，如灯泡的功率为 60W 等。

对于电阻元件：$\varphi = 0$，$P_R = U_R I_R = I_R^2 R \geq 0$。

对于电感元件：$\varphi = \dfrac{\pi}{2}$，$P_L = U_L I_L \cos\dfrac{\pi}{2} = 0$。

对于电容元件：$\varphi = -\dfrac{\pi}{2}$，$P_C = U_C I_C \cos\left(-\dfrac{\pi}{2}\right) = 0$。

有功功率反映了电路实际消耗的功率。在正弦交流电路中，电感、电容元件实际不消耗电能，而电阻总是消耗电能的。

3.5.2 无功功率

正弦交流电的无功功率用 Q 表示，定义为

$$Q = UI\sin\varphi \qquad\qquad (3\text{-}14)$$

式中，无功功率的单位为乏尔（var）。

当 $\varphi > 0$ 时，电压超前电流为感性电路，$Q > 0$，电路从外部"吸收"无功功率。

当 $\varphi < 0$ 时，电压滞后电流为容性电路，$Q < 0$，电路向外部"发出"无功功率。

当 $\varphi = 0$ 时，电压、电流同相位为纯阻性电路，$Q = 0$。

3.5.3 视在功率

电压有效值和电流有效值的乘积称为视在功率，用字母 S 表示，即

$$S = UI = \sqrt{P^2 + Q^2} \qquad\qquad (3\text{-}15)$$

视在功率单位为伏安（V·A）。视在功率表示电源可能提供的或负载可能获得的最大功率。

各种电气设备都是按一定的额定电压和额定电流设计的，它们的乘积 $S_N = U_N I_N$ 称为额定视在功率，也称为额定容量（简称容量）。

根据有功功率、无功功率、视在功率的分析可知，P、Q、S 可以组成一个直角三角形，称为功率三角形，如图 3-20 所示。它与阻抗三角形、电压三角形是相似三角形。

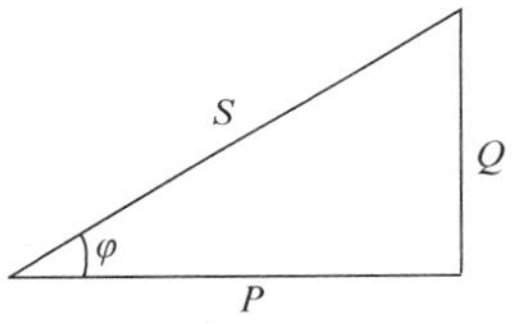

例 3-6 已知一阻抗 Z 上的电压、电流分别为 $\dot{U} = 220\ \angle 30°$ V，$\dot{I} = 5\ \angle -30°$ A（电压和电流的参考方向一致），求 Z、$\cos\varphi$、P、Q、S。

图 3-20 功率三角形

解：

$$Z = \frac{\dot{U}}{\dot{I}} = \frac{220\ \angle 30°\ \text{V}}{5\ \angle -30°\ \text{A}} = 44\ \angle 60°\ \Omega$$

$$\cos\varphi = \cos 60° = \frac{1}{2}$$

$$P = UI\cos\varphi = 220\text{V} \times 5\text{A} \times \frac{1}{2} = 550\text{W}$$

$$Q = UI\sin\varphi = 220\text{V} \times 5\text{A} \times \frac{\sqrt{3}}{2} = 550\sqrt{3}\,\text{var}$$

$$S = \sqrt{P^2 + Q^2} = 1100\text{V·A}$$

例 3-7 把一台功率 $P = 1.1\text{kW}$ 的感应电动机接在电压为 220V、频率为 50Hz 的电路中，电动机的电流为 10A。试求：（1）电动机的功率因数。（2）如图 3-21 所示，在电动机两端并联一只 $C = 79.5\mu\text{F}$ 的电容，电路的功率因数为多少？

解：（1）根据 $P = UI\cos\varphi$ 可得

$$\cos\varphi = \frac{P}{UI} = \frac{1.1 \times 1000\text{W}}{220\text{V} \times 10\text{A}} = 0.5 \qquad \varphi = 60°$$

（2）并联电容前，$\dot{I} = \dot{I}_1$。并联电容后，$\dot{I} = \dot{I}_1 + \dot{I}_C$。以电压为参考相量，画出相量图如

图 3-22 所示。

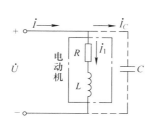

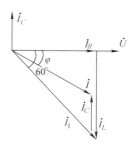

图 3-21　电动机并联电容

图 3-22　相量图

电容上电流为

$$I_C = \frac{U}{X_C} = \omega C U = 314 \times 220\text{V} \times 79.5 \times 10^{-6}\text{F} = 5.5\text{A}$$

$$I_L = 10\text{A} \times \sin 60° = 8.66\text{A}$$

$$I_R = 10\text{A} \times \cos 60° = 5\text{A}$$

$$\tan\varphi' = \frac{I_L - I_C}{I_R} = \frac{3.16}{5} \qquad \varphi' = 32.3°$$

$$\cos\varphi' = \cos 32.3° = 0.845$$

可见电动机在并联电容后，整个电路的功率因数提高了，电路的总电流减小了。这不仅可以降低线路损耗和压降，节约能源，还可以选择线径较小的电源电缆，以节约材料，因此具有重要的经济意义。**注意**：通过并联电容，是提高了整个电路的功率因数，电动机本身的功率因数并没有改变。

3.6　电路中的谐振

在由电阻、电容、电感组成的正弦交流电路中，当端口电压与通过电路的电流同相时，电路呈电阻性，电路出现的这种现象称为谐振。谐振有其有利的一面，也有不利的方面，要认识这种客观现象，在生产实践中充分利用谐振的特性，同时预防它产生的危害。谐振分为串联谐振和并联谐振，下面分别讨论这两种谐振的产生条件和特点。

3.6.1　串联谐振

1. 串联电路的谐振条件和谐振频率

在图 3-23 所示的 RLC 串联电路中，电路的复阻抗为

$$Z = R + \text{j}(X_L - X_C) = R + \text{j}\left(\omega L - \frac{1}{\omega C}\right)$$

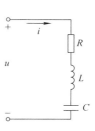

当 $X_L = X_C$，即 $\omega L = \frac{1}{\omega C}$ 时，电路发生了谐振，相当于纯电阻电路，这就是 RLC 串联电路的谐振条件。谐振角频率和谐振频率分别为

$$\omega_0 = \frac{1}{\sqrt{LC}} \qquad f_0 = \frac{1}{2\pi\sqrt{LC}} \qquad (3\text{-}16)$$

图 3-23　RLC 串联电路

2. 串联谐振的特点

1）电路呈纯阻性。

2）谐振时复阻抗 $|Z| = \sqrt{R^2 + (X_L - X_C)^2} = R$，阻抗最小，电路中电流达到最大。在谐振时电路的感抗和容抗相等，称为谐振电路的特性阻抗，用 ρ 表示，即

$$\rho = \omega_0 L = \frac{1}{\omega_0 C} = \sqrt{\frac{L}{C}}$$

3）串联谐振时，U_L、U_C 都高于电源电压 U，串联谐振也称为电压谐振。通常用品质因数 Q 表示 U_L 或 U_C 与 U 的比值，即

$$Q = \frac{U_L}{U} = \frac{U_C}{U} = \frac{\omega_0 L}{R} = \frac{1}{\omega_0 CR} = \frac{1}{R}\sqrt{\frac{L}{C}} \tag{3-17}$$

一般 Q 远大于1，U_L、U_C 都远大于电源电压，因此在电气工程中应尽力避免发生串联谐振。但在无线电中，常用串联谐振进行选频，应用十分广泛。

例 3-8 图 3-24a 所示是收音机的天线输入回路，L_1 表示天线线圈。已知线圈 L 的电阻 $R = 20\Omega$，$L = 3\text{mH}$，C 在 $3 \sim 370\text{pF}$ 之间可调。

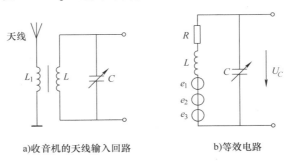

a)收音机的天线输入回路　　　　　b)等效电路

图 3-24　例 3-8 电路

试求：（1）收音机接收的频率范围。（2）若接收的电台频率为 640kHz，输入电压 U_i 为 $3\mu\text{V}$，此时电容的容量及输出电压 U_C 各是多少？

解： 天线线圈 L_1 用于将各电台的无线电波变换为不同信号频率 f_1、f_2、…的感应电动势 e_1、e_2、…，因此可以将电路等效为图 3-24b 所示的电路。

（1）当 $C = 3\text{pF}$ 时，有

$$f = \frac{1}{2\pi\sqrt{LC}} = \frac{1}{2 \times 3.14 \times \sqrt{3 \times 10^{-3}\text{H} \times 3 \times 10^{-12}\text{F}}} \approx 1678\text{kHz}$$

当 $C = 370\text{pF}$ 时，有

$$f = \frac{1}{2\pi\sqrt{LC}} = \frac{1}{2 \times 3.14 \times \sqrt{3 \times 10^{-3}\text{H} \times 370 \times 10^{-12}\text{F}}} \approx 150\text{kHz}$$

收音机接收的频率范围为 $150 \sim 1678\text{kHz}$，为收音机的中波频率。

（2）接收的电台频率为 640kHz，则

$$C = \frac{1}{(2\pi f)^2 L} = \frac{1}{(2 \times 3.14 \times 640 \times 10^3\text{Hz})^2 \times 3 \times 10^{-3}\text{H}} \approx 20.6\text{pF}$$

谐振电路的品质因数为

$$Q = \frac{\omega_0 L}{R} = \frac{2 \times 3.14 \times 640 \times 10^3 \, \text{Hz} \times 3 \times 10^{-3} \, \text{H}}{20 \, \Omega} \approx 603$$

从 C 两端输出的电压为

$$U_C = Q U_i = 603 \times 3 \, \mu\text{V} \approx 1.8 \, \text{mV}$$

U_C 远大于输入电压，达到了从众多信号中选择信号的目的。

3.6.2 并联谐振

1. 并联电路的谐振条件和谐振频率

图 3-25 所示是电容与电感线圈（用电阻和电感的串联来表示电感线圈）并联电路，电路的复阻抗为

$$Z = \frac{(R + j\omega L) \dfrac{1}{j\omega C}}{R + j\omega L + \dfrac{1}{j\omega C}}$$

一般情况下，电感线圈的电阻很小，即 $\omega L \gg R$，则

$$Z = \frac{\dfrac{L}{C}}{R + j\omega L + \dfrac{1}{j\omega C}} = \frac{1}{\dfrac{RC}{L} + j\left(\omega C - \dfrac{1}{\omega L}\right)}$$

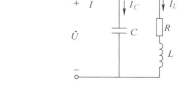

图 3-25　并联谐振电路

当 $\omega C - \dfrac{1}{\omega L} = 0$ 时，电路发生谐振，这是电路发生并联谐振的条件。

谐振角频率和谐振频率分别为

$$\omega_0 = \frac{1}{\sqrt{LC}} \qquad f_0 = \frac{1}{2\pi\sqrt{LC}} \tag{3-18}$$

2. 并联谐振的特点

1）电路呈纯阻性。

2）谐振时复阻抗 $|Z| = \dfrac{L}{RC}$，阻抗最大，电路中总电流达到最小。

3）电感支路和电容支路上电流相等，其值为总电流的 Q 倍，并联谐振也称为电流谐振。

在电子电路中，常利用并联谐振阻抗高的特点，来实现选频或消除干扰。

本 章 小 结

1. 通常把正弦交流电中振幅、角频率、初相称为正弦量的三要素。

2. 两个同频率正弦量的初相位之差称为相位差 φ。

3. 电压、电流在关联参考方向下：
　　电阻元件 R 上的电压和电流的相量关系：$\dot{U}_R = \dot{I}_R R$
　　电感元件 L 上的电压和电流的相量关系：$\dot{U} = j X_L \dot{I}$
　　电容元件 C 上的电压和电流的相量关系：$\dot{U} = -j X_C \dot{I}$

4. 正弦交流电路中的有功功率为 $P = UI\cos\varphi$，是指电路实际消耗的功率。无功功率为

$Q = UI\sin\varphi$。视在功率为 $S = UI$。有功功率、无功功率、视在功率三者之间的关系为 $S = \sqrt{P^2 + Q^2}$ 或 $S^2 = P^2 + Q^2$。

5. 电路谐振的条件为 $X_L - X_C = 0$ 或 $X_L = X_C$，即 $\omega L = \dfrac{1}{\omega C}$。谐振频率为 $\omega_0 = \dfrac{1}{\sqrt{LC}}$ 或 $f_0 = \dfrac{1}{2\pi\sqrt{LC}}$。串联谐振的特点是阻抗最小，电路中总电流达到最大。并联谐振的特点是阻抗最大，电路中总电流达到最小。

思考与习题

3-1　在选定的参考方向下，已知两正弦量的解析式为 $u = 200\sin(1000t + 200°)\,\text{V}$，$i = -5\sin(314t + 30°)\,\text{A}$，试求两个正弦量的三要素。

3-2　已知选定参考方向下正弦量的波形图如图 3-26 所示，试写出正弦量的解析式。

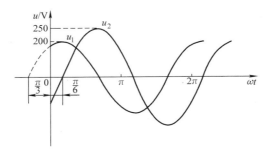

图 3-26　题 3-2 图

3-3　分别写出图 3-27 中各电流 i_1、i_2 的相位差，并说明 i_1 与 i_2 的相位关系。

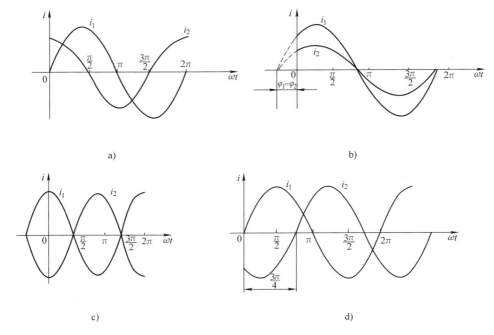

图 3-27　题 3-3 图

3-4　已知 $u = 220\sqrt{2}\sin(\omega t + 235°)\,\mathrm{V}$，$i = 10\sqrt{2}\sin(\omega t + 45°)\,\mathrm{A}$，求 u 和 i 的初相及两者间的相位关系。

3-5　写出下列各正弦量对应的相量，并绘出相量图。

（1）$u_1 = 220\sqrt{2}\sin(\omega t + 100°)\,\mathrm{V}$

（2）$u_2 = 110\sqrt{2}\sin(\omega t - 240°)\,\mathrm{V}$

（3）$i_1 = 10\sqrt{2}\cos(\omega t + 30°)\,\mathrm{A}$

（4）$i_2 = 14.14\sin(\omega t - 90°)\,\mathrm{A}$

3-6　一电阻 R 接到 $f = 50\,\mathrm{Hz}$、$\dot{U} = 100\angle 60°\,\mathrm{V}$ 的电源上，接受的功率为 200W，求：

（1）电阻值 R。

（2）电流 $\dot{I}_R$。

（3）作电流、电压相量图。

3-7　已知 $u_L = 220\sqrt{2}\sin(1000t + 30°)\,\mathrm{V}$，$L = 0.1\,\mathrm{H}$。试求 X_L 和 $\dot{I}_L$，并绘出电压、电流相量图。

3-8　一电容 $C = 31.8\,\mu\mathrm{F}$，外加电压为 $u = 100\sqrt{2}\sin(314t - 60°)\,\mathrm{V}$，在电压和电流为关联参考方向时，求 X_C、$\dot{I}$、i_C、Q_C，并作出相量图。

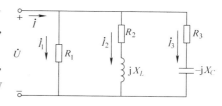

3-9　在图 3-28 所示并联电路中，$R_1 = 50\,\Omega$，$R_2 = 40\,\Omega$，$R_3 = 80\,\Omega$，$L = 52.9\,\mathrm{mH}$，$C = 24\,\mu\mathrm{F}$，接到电压为 $u = 10\sqrt{2}\sin 200t\,\mathrm{V}$ 的电源上，试求各支路电流 $\dot{I}_1$、$\dot{I}_2$、$\dot{I}_3$。

图 3-28　题 3-9 图

3-10　串联电路的谐振条件是什么？并联电路的谐振条件是什么？

第4章 三相正弦交流电路

内容提要：本章主要讲述三相交流电源的产生和特点、三相电源的连接方式及三相电路负载的连接方式、三相电路的功率和计算。

4.1 三相电源的基本概念

与单相电比较，三相交流电具有明显的优越性，如三相发电机使用、维护方便，运行成本低，输出的功率大、效率高；在同距离、等功率情况下，三相输电比单相输电成本低。因此，在现代电力系统中，电能的产生、输送与分配都采用了三相制。

对称三相电源由三个频率相同、振幅相等、相位彼此相差120°的正弦电压源按一定的方式连接组成。三相依次称为 U 相、V 相、W 相。以 U 相为参考正弦量，三相交流电压分别为

$$u_U = U_m \sin \omega t$$
$$u_V = U_m \sin(\omega t - 120°)$$
$$u_W = U_m \sin(\omega t + 120°)$$

(4-1)

三相交流电压相量表达式为

$$\dot{U}_U = U \angle 0°$$
$$\dot{U}_V = U \angle -120°$$
$$\dot{U}_W = U \angle 120°$$

(4-2)

其波形图如图 4-1a 所示，相量图如图 4-1b 所示。由于三相交流电压对称，任一瞬间对称三相电源三个电压之和为零，即

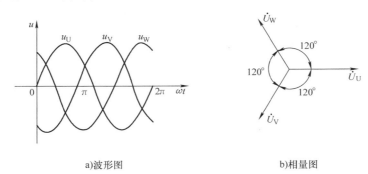

a)波形图   b)相量图

图 4-1 对称三相交流电压的波形图和相量图

$$u_U + u_V + u_W = 0$$

(4-3)

$$\dot{U}_U + \dot{U}_V + \dot{U}_W = 0$$

三相电源依次出现最大值(或零值)的先后次序称为相序。三相电源的 U 相超前 V 相，V 相超前 W 相，W 相超前 U 相的相序称为顺序，与此相反的相序称为逆序。工程上一般采用顺序。一般用黄、红、绿三种颜色来区分 U、V、W 相。

4.2 三相电源的连接方式

三相电源通常采用星形和三角形两种连接方式。

4.2.1 三相电源的星形联结

如图 4-2a 所示，将三个电源绕组的末端接在一起，从三个始端 U、V、W 引出三根输电线，这种连接方式称为三相电源的星形(丫)联结。

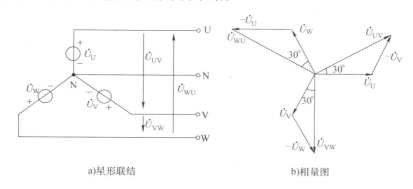

a)星形联结   b)相量图

图 4-2 三相电源的星形联结

从三个始端引出的三根输电线称为端线或相线(俗称火线)。连接末端的公共节点 N 称为中性点，从中性点引出的导线称为中性线(或零线)。由三根相线和一根中性线组成的输电方式称为三相四线制(通常在低压配电中采用)。无中性线的输电方式称为三相三线制(通常在高压输电中采用)。

每相绕组始端与末端之间的电压，即相线与中性线之间的电压称为相电压，其有效值用 U_U、U_V、U_W(或统一用 U_P)来表示。显然相电压分别等于对应相的电源电压。两个相线间的电压称为线电压，其有效值用 U_{UV}、U_{VW}、U_{WU}(或统一用 U_L)表示。

当电源星形联结时，线电压与相电压的关系如下：

$$\dot{U}_{UV} = \dot{U}_U - \dot{U}_V$$
$$\dot{U}_{VW} = \dot{U}_V - \dot{U}_W$$
$$\dot{U}_{WU} = \dot{U}_W - \dot{U}_U$$

对称三相电源的线电压和相电压的相量图如图 4-2b 所示。从相量图中可以看出线电压是对称的，各线电压之间的相位差也是 120°，且各线电压超前各对应的相电压 30°。可以计算出线电压为相电压有效值的 $\sqrt{3}$ 倍，即

$$U_L = \sqrt{3} U_P \qquad\qquad (4-4)$$

电源星形联结特点如下：

1) 线电压和相电压各自对称，各线电压和各相电压之间的相位差均为 120°。

2）线电压为相电压有效值的 $\sqrt{3}$ 倍，且各线电压超前各对应的相电压 30°。

由于电源的星形联结可以输出两种电压，所以使用范围很广。我国低压供电中通常所说的 380V、220V 就是指电源星形联结时线电压和相电压的有效值。

例 4-1　已知对称式发电机三相绕组产生的电压 $u_U = 311\sin\left(\omega t - \dfrac{\pi}{3}\right)$ V，试求 u_V、u_W、u_{UV}。

解：由三相电源的各相电压之间的关系可知：

$$u_V = 311\sin\left(\omega t - \frac{\pi}{3} - \frac{2\pi}{3}\right)\text{V} = -311\sin\omega t\,\text{V}$$

$$u_W = 311\sin\left(\omega t - \frac{\pi}{3} + \frac{2\pi}{3}\right)\text{V} = 311\sin\left(\omega t + \frac{\pi}{3}\right)\text{V}$$

因为线电压超前相应的相电压 $\dfrac{\pi}{6}$，且 $U_L = \sqrt{3}U_p$，所以

$$u_{UV} = 311 \times \sqrt{3}\sin\left(\omega t - \frac{\pi}{3} + \frac{\pi}{6}\right)\text{V} = 311\sqrt{3}\sin\left(\omega t - \frac{\pi}{6}\right)\text{V}$$

4.2.2　三相电源的三角形联结

如图 4-3a 所示，将三相发电机三个绕组依次首尾相连，接成一个闭合回路，从三个连接点引出三根导线（又称为端线），这种连接方式称为三相电源的三角形（△）联结。

三相电源作三角形联结时，只能是三相三线制，线电压就等于相电压。

$$\dot{U}_{UV} = \dot{U}_U$$
$$\dot{U}_{VW} = \dot{U}_V$$
$$\dot{U}_{WU} = \dot{U}_W$$

由图 4-3b 所示的相量图可知，三相电源三角形联结时，三相电压和为零，在三角形闭合回路中没有电流。但如果一相绕组接反，三相电压和不为零，将引起环流把电源烧毁，加之它只能输出一种电压，所以三相电源的三角形联结很少使用，大量使用的是星形联结。

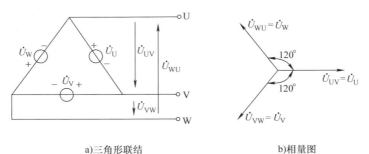

a)三角形联结　　　　　　　　b)相量图

图 4-3　三相电源的三角形联结

4.3　三相负载的连接方式

在三相电路中，一般情况下电源是对称的。由三相电源供电的负载称为三相负载。三相负载可以分为两类：一类是对称三相负载，如三相电动机等；另一类是不对称三相负载。三相负载的连接方式有三角形联结和星形联结两种。无论采用哪种连接方式，负载两端的电压称为负载的相电压，两条相线之间的电压称为线电压。通过每相负载的电流称为相电流，有效值一般用 I_P 表示，流过各相线的电流称为线电流，有效值一般用 I_L 表示。

4.3.1　三相负载的星形联结

图 4-4 所示为三相负载的星形联结，图中 N′ 为三相负载的中性点，与电源中性点 N 相连，负载另三个端点与电源的 U、V、W 相连。

由图 4-4 可以看出，负载星形联结时，负载的相电压就是电源的相电压，负载的线电压就是电源的线电压，所以星形联结的负载上线电压超前相电压 30°，线电压为相电压有效值的 $\sqrt{3}$ 倍，即 $U_L = \sqrt{3}U_P$。

负载的相电流就等于对应的线电流，即 $I_L = I_P$。中性线电流等于各相相电流之和，即

$$\dot{I}_N = \dot{I}_U + \dot{I}_V + \dot{I}_W$$

1. 负载对称时的电路

当三相电源对称，且三相负载也对称，即 $Z_U = Z_V = Z_W = Z$ 时，负载的相电流也是对称的，因此三相相电流之和为零（$\dot{I}_U + \dot{I}_V + \dot{I}_W = 0$），即在星形联结的三相负载对称时，中性线无电流通过。此时可以省去中性线不用，形成三相三线制电路。

对于负载对称的三相电路的分析，由于负载的相电压、相电流都是对称的，所以只需计算一相即可，其他两相可按对称条件直接写出。

2. 负载不对称时的电路

如果三相负载不对称，则三相负载的相电流不对称，三相相电流之和不为零，中性线中有电流通过。此时不能省去中性线，只能用三相四线制，否则三相负载的电压就不相等，使负载无法正常工作，甚至会造成严重事故。

例 4-2　将白炽灯照明电路按三相三线制星形联结，如图 4-5 所示。各白炽灯的额定电压为 220V。设 U 相、V 相负载电阻均为 220Ω，W 相负载电阻为 20Ω，将它们接在 380V 的三相对称电源上。若 U 相灯断开，将会出现什么情况？

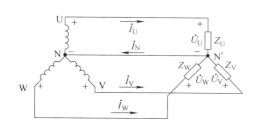

图 4-4　三相负载的星形联结

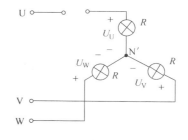

图 4-5　例 4-2 电路

解： 当 U 相灯断开时，由于无中性线，V 相和 W 相的白炽灯就串联于 380V 的线电压中，此时流过两负载的电流为

$$I = \frac{U_L}{R_V + R_W} = \frac{380V}{220\Omega + 20\Omega} \approx 1.58A$$

V 相白炽灯两端电压为

$$U_V = IR_V = 1.58A \times 220\Omega = 347.6V$$

W 相白炽灯两端电压为

$$U_W = IR_W = 1.58A \times 20\Omega = 31.6V$$

可见，在无中性线情况下，阻抗小的负载相电压会低于额定电压（如例中 W 相），无法正常工作；阻抗大的负载相电压会高于额定电压（如例中 V 相），将烧毁负载。

例 4-3 某三相三线制供电线路上，接入三相星形联结的对称白炽灯负载。设线电压为 380V，白炽灯电阻为 400Ω，试求：

（1）正常工作时，白炽灯负载的电压和电流为多少？

（2）如果 U 相断开，其他两相负载的电压和电流为多少？

（3）如果 U 相发生短路，其他两相负载的电压和电流为多少？

（4）如果采用三相四线制供电，重新计算 U 相断开或 U 相发生短路时，其他两相负载的电压和电流各为多少？

解： （1）正常工作时，三相负载对称，有

$$U_{UN'} = U_{VN'} = U_{WN'} = \frac{380V}{\sqrt{3}} = 220V$$

$$I_{UN'} = I_{VN'} = I_{WN'} = \frac{220V}{400\Omega} = 0.55A$$

（2）如果 U 相断开，V 相和 W 相的白炽灯就串联于 380V 的线电压中，有

$$U_{VN'} = U_{WN'} = \frac{380V}{2} = 190V$$

$$I_{VN'} = I_{WN'} = \frac{190V}{400\Omega} = 0.475A$$

V 相和 W 相的白炽灯电压低于额定电压，灯暗，不能正常工作。

（3）如果 U 相发生短路，如图 4-6a 所示，V 相和 W 相的白炽灯就接于 380V 的线电压中，有

$$U_{VN'} = U_{WN'} = 380V$$

$$I_{VN'} = I_{WN'} = \frac{380V}{400\Omega} = 0.95A$$

V 相和 W 相的白炽灯电压超过额定电压，灯被烧毁。

（4）如果采用三相四线制供电，如图 4-6b 所示，U 相断开或 U 相发生短路时，其他两相均无影响，仍能正常工作。

从上述两例可以看出三相四线制供电的优点，中性线可以保证三相负载各相电压基本对称，使各相用电设备正常运行，作用十分重要。因此在三相四线制电路中，为了确保中性线可靠工作，中性线上不允许安装开关、熔断器或其他过电流保护装置。

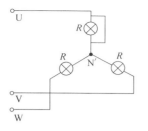
a)U相发生短路

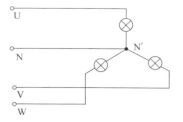
b)三相四线制电路

图 4-6　例 4-3 电路

4.3.2　三相负载的三角形联结

如图 4-7a 所示，三相负载两两首尾相连，连接成三角形，将三角形连接点分别接在三相电源的三根相线上，这种接法称为三相负载的三角形联结。

当负载连接成三角形时，各相负载的相电压就等于电源的线电压，不论负载是否对称，其相电压总是对称的，即

$$U_{UV} = U_{VW} = U_{WU} = U_P = U_L$$

当然相电流和线电流显然不同。应用 KCL 可以得出线电流与相电流关系为

$$\dot{I}_U = \dot{I}_{UV} - \dot{I}_{WU}$$
$$\dot{I}_V = \dot{I}_{VW} - \dot{I}_{UV}$$
$$\dot{I}_W = \dot{I}_{WU} - \dot{I}_{VW}$$

当负载对称时，即 $Z_{UV} = Z_{VW} = Z_{WU} = |Z| \angle \varphi$，则各相相电流也是对称的，即

$$I_{UV} = I_{VW} = I_{WU} = I_P = \frac{U_P}{|Z|}$$

显然，此时线电流也是对称的。由图 4-7b 所示相量图可以得出，线电流比相应的相电流滞后30°，线电流的有效值为相应相电流的$\sqrt{3}$倍，即

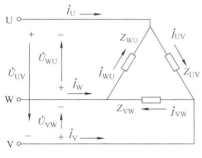
a)原理图

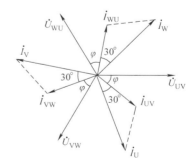
b)电压、电流相量图

图 4-7　三相负载的三角形联结

$$I_L = \sqrt{3} I_P \tag{4-5}$$

4.4　三相电路的功率

在三相电路中，三相负载吸收的有功功率等于各相有功功率之和，即

$$P = P_U + P_V + P_W = U_U I_U \cos\varphi_U + U_V I_V \cos\varphi_V + U_W I_W \cos\varphi_W \tag{4-6}$$

式中，U_U、U_V、U_W分别为各相电压的有效值；I_U、I_V、I_W分别为各相电流的有效值；φ_U、φ_V、φ_W分别为各相电压与相电流之间的相位差。

如果负载不对称，那么就要每相分别求出来，再求和。当负载对称时，无论负载星形联结还是三角形联结，由于电压和电流都对称，所以每相功率是相等的，三相总功率是单相功率的 3 倍，即

$$P = P_U + P_V + P_W = 3U_p I_p \cos\varphi \tag{4-7}$$

式中，φ 为相电压与相电流之间的相位差。

在对称三相负载的星形联结中，$U_L = \sqrt{3} U_p$，$I_L = I_p$；在对称三相负载的三角形联结中，$U_L = U_p$，$I_L = \sqrt{3} I_p$，代入到式(4-7)中得到对称三相负载的有功功率为

$$P = \sqrt{3} U_L I_L \cos\varphi \tag{4-8}$$

注意：式(4-8)中，φ 仍为相电压与相电流之间的相位差。

同理，对称三相负载的无功功率为

$$Q = \sqrt{3} U_L I_L \sin\varphi \tag{4-9}$$

对称三相负载的视在功率为

$$S = \sqrt{P^2 + Q^2} = \sqrt{3} U_L I_L \tag{4-10}$$

4.5　安全用电知识

为了防止用电事故的发生，必须十分重视安全用电。安全用电包括人身安全和设备安全。当发生用电事故时，不仅会损坏用电设备，而且还可能引起人身伤亡、火灾或爆炸等严重事故。因此，讨论安全用电问题是十分必要的。

4.5.1　电流对人体的危害

电流对人体的危害概括起来有电击和电伤两种。

1. 电击

电击的伤害程度与通过人体电流的大小、电流通过人体的持续时间、电流通过人体的途径、电流的频率及人体的健康状况等因素有关。常用的 $50 \sim 60 Hz$ 的工频交流电对人体的伤害最为严重，频率偏离工频越远对人体的伤害相对越轻。人体触电，当接触电压一定时，流经人体的电流大小由人体的电阻值决定。人体的电阻越小，流过人体的电流越大，也就越危险。通过人体的工频电流超过 50mA 时，就有生命危险，若不及时脱离电源并及时抢救，人很快就会死亡。按照人体最小电阻 $800 \sim 1000\Omega$ 来计算，可知接触 36V 以下的电压时，通过人体的电流不会超过 50mA，故把 36V 及以下电压称为安全电压，常用的安全电压有 36V、24V、12V 等，例如手提照明灯、便携式电动工具等常用 24V 电源。对潮湿、导电尘埃较多

的不良环境，可采用更低的安全电压(如 6 V)。

2. 电伤

电伤是电对人体外部造成的局部伤害，包括电弧烧伤、熔化的金属渗入皮肤等伤害。电伤事故的危险虽不及电击严重，但也不可忽视。

4.5.2　人体触电方式

1. 单相触电

当人体直接接触带电设备的其中一相时，电流通过人体，这种触电现象称为单相触电。当人体碰触裸露的相线时，一相电流通过人体，经大地回到中性点。由于人体电阻比中性点直接接地的电阻大很多，所以相电压几乎全部加在人体上，十分危险。

2. 两相触电

人体同时接触不同相的两相带电导体，而发生触电，电流从一相导体通过人体流入另一相导体，构成一个闭合回路，这种触电方式称为两相触电。发生两相触电时，作用于人体上的电压等于线电压，因为没有任何绝缘保护，所以这种触电是最危险的。

3. 跨步电压触电

雷电流入地或电力线断散到地时，会在导线接地点及周围形成强电场。当人畜跨入这个区域，两脚之间出现的电位差即为跨步电压。线路电压越高，距离导线接地点越近，跨步电压越大，触电危险性越大。当距离超过 20 m(理论上为无穷远)时，可以认为跨步电压为 0，不会发生触电危险。

4. 接触电压触电

人体与电气设备的带电外壳接触而引起的触电称为接触电压触电。人体站立点离接地点越近，接触电压越小。

5. 剩余电荷触电

剩余电荷触电是指人体触及带有剩余电荷的设备时，对人体放电造成的触电事故。带有剩余电荷的设备通常含有储能元件，如电容、电力电缆、电力变压器及大容量电动机等，在运行结束或对其进行如绝缘电阻表测量等检修后，会带有剩余电荷。要及时对其放电，避免触电事故。

4.5.3　防止触电

防止触电是安全用电的核心。没有一种措施或一种保护器是万无一失的。最保险的钥匙掌握在你的手中，即安全意识和警惕性。遵循以下几点是最基本、最有效的安全措施。

1. 建立安全制度

所有的用电单位都要根据本单位的具体情况，建立起一套切合实际的安全用电制度，并且宣传、落实到每一个人。

2. 采取安全措施

1) 用电单位的工作场所输电、配电、电源设置及布线，一定要按照国家有关标准规范施工，以保证工作环境符合安全用电标准。

2) 根据用电的工作要求，选用合理的供电方式，建立防护系统(保护接地或保护接零等)。

3) 电源的总开关及各重要场所的分开关，尽量采用自动开关，并装设漏电保护器，以保证在出现漏电及发生触电事故时能够及时跳闸。

4）随时检查所用电器的插头、电线，发现破损老化应及时更换。

5）手持式电动工具尽量使用安全电压工作。

3. 注意安全操作

1）检修电路或电器时都要确保断开电源，并在电源开关处挂上警示牌。

2）操作时，应根据检修对象采用相应规定装备，如穿绝缘鞋、戴绝缘手套、使用绝缘工具等。

3）遇到不明情况的电线，先认为它是带电的。

4）尽量养成单手进行电工作业的习惯。

5）遇到较大体积的电容要先行放电，再进行检修。

4. 选购安全产品

应选购符合国家有关标准规范的安全产品，以保证能够安全用电。

4.5.4 安全用电措施

1. 保护接地

保护接地主要是限制设备外壳的对地电压，将其限制在安全范围之内。为防止电气设备绝缘损坏而使人体有触电危险，将电气设备在正常情况下的金属外壳用金属导线与接地体（埋入大地并直接与大地接触的金属导体，称为接地体，如埋设在地下的钢管、角铁等）紧密相连接，作为保护接地，如图 4-8 所示。电气外壳装有保护接地时，若人体接触到外壳，人体就与接地装置的接地电阻并联，由于人体电阻远比接地装置的电阻大，所以电流主要由接地装置分担了，流过人体的电流很小，从而保证了人身安全。保护接地适用于中性点不接地的低压电网。

2. 保护接零

在电源中性点接地的三相四线制的电网中，为防止因电气设备绝缘损坏而使人触电，应将电气设备的金属外壳与中性线（或与中性线相连接的专用保护线）连接起来，称为保护接零或保护接中性线，如图 4-9 所示。这时一旦电动机的一相绝缘损坏与外壳相碰时，该相电源通过机壳和中性线形成单相短路，电流很大，立即将线路上的熔丝熔断，或使其他保护设备迅速动作，切断线路，从而消除机壳带电的危险，起到保护作用。家用电器一般采用保护接零。

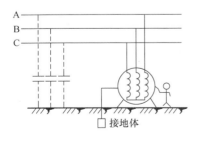

图 4-8　保护接地

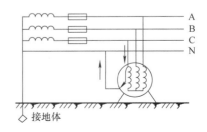

图 4-9　保护接零

3. 剩余电流断路器

剩余电流断路器，俗称漏电保护开关，有电压型和电流型两种，其工作原理基本相同，即可以把它看做一种具有检测漏电功能的灵敏继电器，当检测到漏电情况后，控制开关动作切断电源。由于电压型安装较复杂，目前发展较快、使用广泛的主要是电流型。

4.5.5　触电急救与电气消防

1. 触电急救

发生触电事故，千万不要惊慌失措，必须用最快的速度使触电者脱离电源。脱离电源最有效的措施是拉闸或拔出电源插头。如果一时找不到或来不及找电源插头的情况下，可用绝缘物（如带有绝缘柄的工具、木棍、塑料管等物件）移开或切断电源线。关键是：一要快，二要不使自己触电。一两秒的迟缓都可能造成无可挽救的后果。

脱离电源后，如果病人呼吸、心跳尚存，应尽快送医院抢救。若心跳停止，则采用人工心脏按压法维持血液循环；若呼吸停止，则立即进行人工呼吸；若心跳、呼吸均停止，则同时采用上述两种方法急救，在抢救的同时应向医院告急求救。

2. 电气消防

高温是产生火灾与爆炸的直接原因。在发电、变电或用电等场所，产生高温的原因很多，如电气设备和线路超载运行、发生短路事故、雷电通过、电火花、电弧、散热不良、通风堵塞都可能造成高温。此外，有时触头接触不良、导线连接处松动等也可使电阻增大，造成该处高温。因此，防火防爆的关键是防止高温，并应预防为先。要正确选用电气线路和电气设备，正确安装电气设备，保证电气设备的正常运行。

一旦发生电气火灾时，电气设备有可能带电，应注意防止触电，首先要尽快切断电源（拉开总开关或失火电路开关）。

电气火灾灭火应使用沙土、二氧化碳或四氯化碳等不导电灭火介质，忌用泡沫或水进行灭火。同时，注意保持人体与带电部分的安全距离，不可将身体及灭火工具触及带电设备及线路。

有些电气设备有大量的变压器油。在有油设备发生火灾时，应注意防止喷油和爆炸。应立即将变压器油引入储油坑，防止着火的油流入电缆沟造成顺沟蔓延。

本 章 小 结

1. 对称三相电源由三个频率相同、振幅相等、相位彼此相差 120° 的正弦电压源按一定的方式连接组成。对称三相电源有星形（Y）和三角形（△）联结两种连接形式。

对称三相电源的星形联结：$U_L = \sqrt{3} U_P$

对称三相电源的三角形联结：$U_L = U_P$

2. 对称三相负载有星形和三角形联结两种连接形式。

对称三相负载的星形联结：$U_L = \sqrt{3} U_P$　　　$I_L = I_P$

对称三相电源的三角形联结：$U_L = U_P$　　　$I_L = \sqrt{3} I_P$

3. 在对称三相电路中，三相负载的总功率为 $P = \sqrt{3} U_L I_L \cos\varphi$，$\varphi$ 为相电压与相电流之间的相位差，$\cos\varphi$ 是每相负载的功率因数。

4. 为了确保用电安全，必须建立安全用电制度，采取一系列的保护措施，如接地保护、接零保护、安装漏电保护及电气消防保护等。

思考与习题

4-1　在三相四线制供电系统中，中性线的作用是什么？为什么中性线不允许断开？

4-2　如图 4-10 所示，各相电阻相等，并由三相电源供电。若负载 R_U 断开，则电流表 A_1 和 A_2 的读数如何变化？为什么？

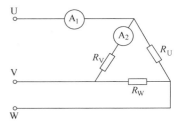

4-3　有一电源和负载都是三角形联结的对称三相电路，已知电源相电压为 220V，负载阻抗 $|Z| = 10\Omega$，试求负载的相电流和线电流。

4-4　某带中性线的星形联结三相负载，已知各相电阻分别为 $R_U = R_V = R_W = 11\Omega$，电源线电压为 380V，试分别就以下三种情况求各个相电流及中性线电流：

（1）电路正常工作。

（2）U 相负载断开。

（3）U 相负载断开，中性线也断开。

图 4-10　题 4-2 图

4-5　发电机的对称三相绕组作星形联结，设其中 U、V 两根相线之间的电压 $u = 220\sin(\omega t - 30°)$ V，试写出所有相电压和线电压的瞬时值表达式。

4-6　在图 4-11 所示电路中，U 相负载是一个 220V、100W 的白炽灯，V 相开路（S 断开），W 相负载是一个 220V、60W 的白炽灯，三相电源的线电压为 380V。求：（1）各相电流和中性线电流。（2）中性线因故障断开时，各负载两端的电压。

4-7　如图 4-12 所示，三相对称电源的线电压为 380V，频率为 50Hz，$R = X_L = X_C = 10\Omega$，试求各相电流、中性线电流和三相功率。

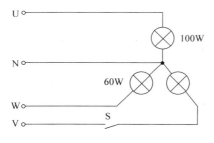

图 4-11　题 4-6 图

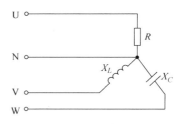

图 4-12　题 4-7 图

4-8　一台三相电动机的定子绕组作星形联结，接在线电压为 380V 的三相电源上，功率因数为 0.8，消耗的功率为 10kW，电源频率为 50Hz，求：（1）每相定子绕组中的电流。（2）每相的等效电阻和等效感抗。（3）电动机的无功功率 Q。

4-9　三相异步电动机的三个阻抗相同的绕组连接成三角形，接在线电压 $U_L = 380V$ 的对称三相电压上，若每相阻抗 $Z = (8 + j6)\Omega$，试求此电动机工作时的相电流 I_P、线电流 I_L 和三相电功率 P。

4-10　对称三相电源，线电压为 380V，对称三相感性负载作三角形联结，若测得线电流 $I_L = 17.3A$，三相功率 $P = 9.12kW$，试求每相负载的电阻和感抗。

第 2 篇　电子技术基础

第 5 章　半导体器件

内容提要：本章主要介绍半导体的基本知识、PN 结的形成和单向导电性；二极管、稳压管、晶体管的伏安特性、主要参数及应用。最后介绍了二极管和晶体管的检测方法。

5.1　半导体的基础知识

根据导电能力的不同，物体可分为导体、半导体和绝缘体三类。半导体的导电能力介于导体和绝缘体之间，常用的材料有硅和锗。半导体的导电能力在不同的条件下有很大的差别：当受外界热和光的作用时，它的导电能力明显增加，即具有热敏性和光敏性；半导体中掺入杂质元素时，导电能力加剧，即具有杂敏性。这些特殊的性质决定了半导体可以制成各种器件。

5.1.1　本征半导体

完全纯净的、晶体结构完整的半导体称为本征半导体。硅和锗都是四价元素。如图 5-1 所示，在硅或锗晶体中，每个原子都和周围的 4 个原子以共价键的形式紧密联系在一起。

在一定温度下，由于热激发，一些价电子获得足够的能量脱离共价键的束缚，成为带负电的自由电子，同时共价键上留下一个空位，称为空穴，空穴带正电。在外电场作用下，自由电子定向移动，形成电子电流。带正电的空穴吸引附近的价电子来填补空位(称为复合)，而在附近的共价键中留下一个新的空位，其他地方的价电子又来填补后一个空

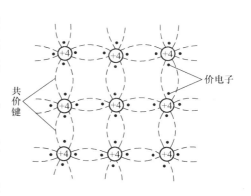

图 5-1　晶体中的共价键结构

位。从效果上看，相当于带正电荷的空穴在外电场作用下，顺着电场做定向运动一样。为了与自由电子定向运动形成的电流区别开来，空穴定向运动形成的电流称为空穴电流。电子电流和空穴电流方向一致，共同形成了本征半导体的导电电流。这是半导体与导体导电的区别。

在常温下，本征半导体中自由电子和空穴的浓度很低，因此导电性很差。随着温度升

高，热激发加剧，使自由电子和空穴的浓度增加，本征半导体的导电能力增强。温度是影响半导体性能的一个重要的外部因素，这是半导体的一大特点。

5.1.2　杂质半导体

可利用半导体的杂敏性，在本征半导体中掺入某些微量的杂质，使半导体的导电性提高。根据掺入杂质的不同，杂质半导体分为 N 型半导体和 P 型半导体。

1. N 型半导体

在硅或锗晶体中掺入少量的五价元素磷，晶体中的某些半导体原子被杂质取代，形成图 5-2 所示的结构。由于杂质原子的最外层有 5 个价电子，它与周围 4 个硅原子组成共价键时多余一个电子。这个电子不受共价键的束缚，只受自身原子核的吸引，束缚力比较微弱，在室温下很容易成为自由电子，因此在这种杂质半导体中，电子的浓度将高于空穴的浓度，这种半导体称为 N 型半导体。在 N 型半导体中自由电子是多数载流子（简称多子），空穴是少数载流子（简称少子）。

2. P 型半导体

如图 5-3 所示，在本征半导体中掺入 3 价元素，杂质原子的最外层只有 3 个价电子，它与周围的原子形成共价键时，还多余一个空穴，因此空穴浓度远大于自由电子的浓度，这种杂质半导体称为 P 型半导体。在 P 型半导体中，空穴是多子，自由电子是少子。

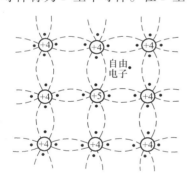

图 5-2　N 型半导体的结构　　　　　　　　图 5-3　P 型半导体的结构

在杂质半导体中，多数载流子的浓度主要取决于掺入的杂质浓度，而少数载流子的浓度主要取决于温度。在纯净的半导体中掺入杂质以后，导电性能将大大改善。杂质半导体的简化表示法如图 5-4 所示。

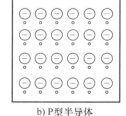

a) N 型半导体　　　　　b) P 型半导体

5.1.3　PN 结的形成及单向导电性

1. PN 结的形成

图 5-4　杂质半导体的简化表示法

在一块半导体基片上，两边分别形成 N 型半导体和 P 型半导体。由于两侧的电子和空穴的浓度相差很大而产生扩散运动，电子从 N 区向 P 区扩散，空穴从 P 区向 N 区扩散，如图 5-5a 所示。随着扩散运动的进行，在交界面两侧形成一个由不能移动的正、负离子组成的空间电荷区，即在交界面产生了一个由 N 区指向 P 区的电场，这个电场称为内电场，这个区域称为耗尽层或 PN 结。

内电场将阻止多数载流子继续进行扩散，却有利于少数载流子的运动，即有利于 P 区中的电子向 N 区运动，N 区中的空穴向 P 区运动。通常，将少数载流子在电场作用下的定向运动称为漂移运动。

扩散运动使空间电荷区的宽度增大，漂移运动使空间电荷区的宽度减小。扩散和漂移这一对相反的运动达到动态平衡时，相当于两个区之间没有电荷运动，空间电荷区的厚度固定不变，就稳定形成了图 5-5b 所示的 PN 结。

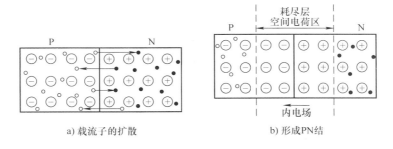

a) 载流子的扩散　　　　　　　　b) 形成PN结

图 5-5　PN 结的形成

2. PN 结的单向导电性

如图 5-6 所示，在 PN 结上外加一个电源，电源的正极接 P 区，负极接 N 区，这种接法称为 PN 结加上正向电压或正向偏置（简称正偏）。

PN 结正向偏置时，外加电场与 PN 结内电场方向相反，削弱了内电场的作用。因此，空间电荷区变窄，扩散运动大于漂移运动形成一个较大的正向电流 I，其方向是从 P 区流向 N 区，如图 5-6 所示。此时，PN 结呈现为低电阻称为正向导通。正向电压降很小且随温度上升而减小。

如图 5-7 所示，在 PN 结上，外加电源的正极接 N 区、负极接 P 区，这种接法称为 PN 结加上反向电压或反向偏置（简称反偏）。这时，外加电场的方向与 PN 结内电场方向相同，内电场被加强，空间电荷区变宽，多子的扩散受抑制，少子漂移加强，但少子的浓度很低，所以反向电流的数值非常小，PN 结呈高电阻状态，称为反向截止。反向饱和电流 I_S 是由少子产生的，对温度十分敏感，I_S 将随着温度的升高而急剧增大。

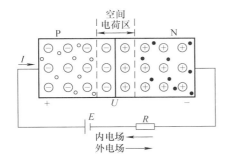

图 5-6　PN 结正向导通

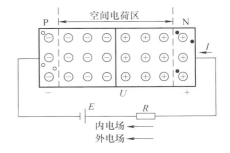

图 5-7　PN 结反向截止

综上所述，当 PN 结正向偏置时，PN 结处于导通状态，有较大的正向电流流过；当 PN 结反向偏置时，电路中的反向电流非常小（几乎等于零），PN 结处于截止状态。可见，PN 结具有单向导电性。

5.2 二极管

5.2.1 二极管的结构

在 PN 结上加上引线和封装就成为一个二极管。图 5-8 给出了一些常见的半导体二极管的外形与符号，其中阳极从 P 区引出，阴极从 N 区引出。

二极管按材料不同可分为硅管和锗管，按结构不同可分为点接触型、面接触型和硅平面型三种。点接触型二极管的 PN 结面积小，结电容小，常用于检波和变频等高频电路。面接触二极管结面积大，因而能通过较大的电流，但结电容也大，只能工作在较低频率下，可用于整流。硅平面型二极管，结面积大的，可通过较大的电流，适用于大功率整流；结面积小的，结电容小，适用于脉冲数字电路中作开关管。

5.2.2 二极管的伏安特性

如图 5-9 所示，二极管的伏安特性是指流过二极管的电流 i_D 和其两端的电压 u_D 之间的曲线关系。

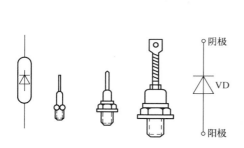

图 5-8 半导体二极管的外形与符号

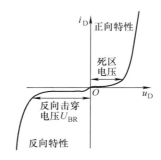

图 5-9 二极管的伏安特性

1. 正向特性

加在二极管的正向电压很小时，正向电流很小几乎等于零。只有当正向电压高于某一值后，正向电流才明显地增大。该电压称为死区电压，又称为门限电压或导通电压，用 U_{on} 表示。在室温下，硅管的 U_{on} 约为 0.5V，锗管的 U_{on} 约为 0.1V。

当正向电压超过死区电压以后，PN 结内电场被大大削弱，电流急剧增加，二极管正向导通。此时，二极管电阻及压降均很小，一般硅管的正向压降为 0.6 ~ 0.8V（通常取 0.7V），锗管为 0.2 ~ 0.3V（通常取 0.2V）。

2. 反向特性

二极管加反向电压，反向电流数值很小且基本不变，称为反向饱和电流，用 I_S 表示。当反向电压超过 U_{BR} 时，反向电流急剧增加，产生击穿，U_{BR} 称为反向击穿电压。二极管击穿以后，不再具有单向导电性。

5.2.3　二极管的主要参数

描述器件的物理量，称为器件的参数。它是器件特性的定量描述，也是选择器件的依据，各种器件的参数可由手册查得。二极管的主要参数有下面几个。

1. 最大整流电流 I_F

二极管长期使用时，允许流过二极管的最大正向平均电流。实际应用时的工作电流必须小于 I_F，否则二极管会过热而烧毁。此值取决于 PN 结的面积、材料和散热情况。

2. 最高反向工作电压 U_R

二极管运行时允许承受的最高反向电压。当反向电压超过此值时，二极管可能被击穿。为了留有余地，通常取击穿电压的一半作为 U_R。

3. 反向电流 I_R

I_R 指一定的温度条件下，二极管加反向峰值工作电压时的反向电流。反向电流越小，说明管子的单向导电性越好。反向电流受温度的影响，温度越高反向电流越大。硅管的反向电流较小，锗管的反向电流要比硅管大几十到几百倍。

5.2.4　二极管的应用

二极管主要利用它的单向导电性，应用于整流、限幅、保护等场合。在应用电路中，关键是判断二极管的导通或截止。二极管承受正向电压则导通，导通时一般用电压源 $U_D = 0.7V$（锗管用 0.3V）代替，或近似用短路线代替。二极管承受反向电压则截止，截止时二极管断开，即认为二极管反向电阻为无穷大。

1. 二极管用于整流

将交流电变成直流电的过程称为整流。如图 5-10 所示，输入电压为正弦交流电压。在输入电压的正半周，$u_i > 0$，二极管正向导通，输出电压 $u_o = u_i$；在输入电压的负半周期，$u_i < 0$，二极管反向截止，输出电压 $u_o = 0$。

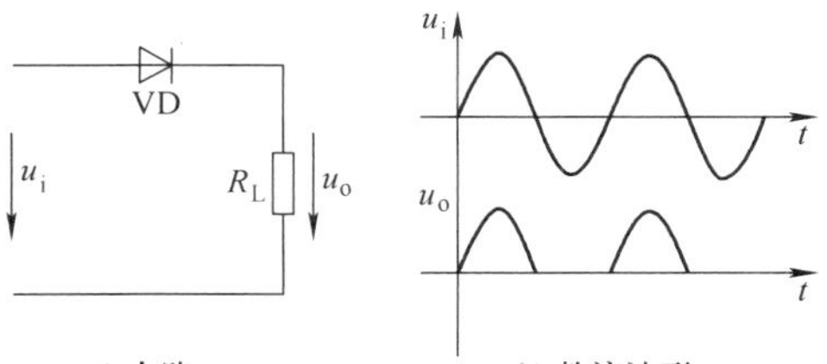

2. 二极管用于限幅

由二极管组成的限幅电路如图 5-11a 所示，其波形图如图 5-11b 所示。输入电压为正弦交流

a) 电路　　　　b) 整流波形

图 5-10　二极管的整流应用

电压 $u_i = U_m\sin\omega t$，直流电源电压 $E < U_m$。当 $u_i < E$ 时，二极管截止，$u_o = u_i$；当 $u_i > E$ 时，二极管导通相当于导线，$u_o = E$。可见二极管将输出电压限制为不超过 E。

5.2.5　特殊二极管

常见的特殊二极管有稳压管、发光二极管和光敏二极管。

1. 稳压管

稳压管是一种特殊的二极管，伏安特性与二极管类似，但它的反向击穿特性很陡，其电路符号和伏安特性如图 5-12 所示。由稳压管的伏安特性特性曲线可知，如果稳压管工作在反向击穿区，当反向电流 ΔI_Z 在较大范围内变化时，管子两端电压 ΔU_Z 相应的变化却很小，这说明它具有很好的稳压特性。

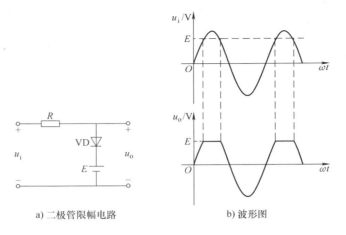

a) 二极管限幅电路　　　　b) 波形图

图 5-11　二极管的限幅应用

稳压管的主要参数：

（1）稳定电压 U_Z　稳定电压是稳压管工作在反向击穿时的稳定工作电压。稳定电压 U_Z 是根据需求挑选稳压管的主要依据之一。由于稳定电压随工作电流的不同而略有变化，因而测试 U_Z 时应使稳压管的电流为规定值。

（2）稳定电流 I_Z　稳定电流是指使稳压管正常工作时的最小电流，低于此值时稳压效果较差。工作时应使流过稳压管的电流大于此值。一般来说，工作电流较大时稳压性能较好。

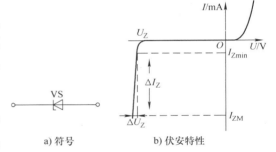

a) 符号　　　　b) 伏安特性

图 5-12　稳压管符号和伏安特性

（3）电压温度系数 α　α 指稳压管温度变化 1℃时，所引起的稳定电压变化的百分比。一般情况下，稳定电压大于 7V 的稳压管，α 为正值。而稳定电压小于 4V 的稳压管，α 为负值。稳定电压在 4 ~ 7V 间的稳压管，其 α 较小，即稳定电压值受温度影响较小，性能比较稳定。

（4）额定功耗 P_Z　稳压管两端的电压值为 U_Z，流过管子的电流为 I_Z，管子消耗的功率为 $P_Z = U_Z I_Z$。P_Z 取决于稳压管允许的温升。

使用稳压管组成稳压电路时，需要注意几个问题。首先，应保证稳压管正常工作在反向击穿区。其次，稳压管应与负载并联。再次，必须限制流过稳压管的稳定电流 I_Z，通常接限流电阻，使其不超过规定值。

2. 发光二极管

发光二极管简称 LED(Light-emitting Diode)，它是一种将电能转换为光能的半导体器件。发光二极管符号如图 5-13 所示。

发光二极管常用作显示器件，除单个使用外，也常做成七段式或矩阵式显示器。发光二极管工作时加正向电压，导通时管压降为 1.8 ~ 2.2V。使用时要加限流电阻，工作电流一般为几毫安至几十毫安，电流越大，发光越强。

3. 光敏二极管

光敏二极管在管壳上开有一个玻璃窗口以便于接收光照，它的反向电流随着光照强度的增加而上升。图 5-14 是光敏二极管的符号。其主要特点是，它的反向电流与光照强度成正比。

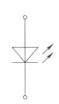 

图 5-13　发光二极管符号　　　　　　　　图 5-14　光敏二极管的符号

光敏二极管可用来作为光的测量器件。

5.3　晶体管

5.3.1　晶体管的基本结构

三极管有双极型和单极型两种，通常双极型三极管称为晶体管，而单极型三极管称为场效应晶体管。

晶体管按半导体材料不同，可分为硅管和锗管两类。根据掺杂类型不同，晶体管可分为 NPN 型和 PNP 型两种。如图 5-15 所示，晶体管内部为"三区两结"的结构。三个区分别称为发射区、基区和集电区，并相应地引出三个电极：发射极（e）、基极（b）和集电极（c）。在三个区的两两交界处形成两个 PN 结，分别称为发射结和集电结。

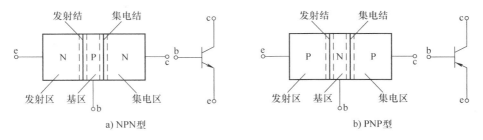

a) NPN型　　　　　　　　　　　　　　b) PNP型

图 5-15　晶体管的结构和符号

5.3.2　晶体管的电流放大原理

晶体管具有放大作用的内部条件为：发射区杂质浓度远大于基区杂质浓度，且基区厚度很薄；外部条件为：发射结正偏，集电结反偏。NPN 型和 PNP 型晶体管的工作原理类似。下面以 NPN 型晶体管内部载流子的运动为例来分析晶体管的电流放大原理。

1. 发射电子

如图 5-16 所示，当发射结正向偏置时，发射区有大量的自由电子向基区扩散，形成发射极电流 I_E，并不断从电源补充进电子。基区也向发射区扩散空穴形成空穴电流，但因为发射区的掺杂浓度远大于基区浓度，因此空穴电流可忽略。

2. 复合和扩散

电子到达基区后，与基区的多子空穴产生复合，复合掉的空穴由电源补充而形成基极电流 I_B。因为基区空穴的浓度很低，而且基区很薄，所以，到达基区的电子与空穴复合的机会很少，大多数电子在基区中继续扩散，到达靠近集电结的一侧。

3. 收集

由于集电结反向偏置，到达集电结一侧的电子被集电极收集形成集电极电流 I_{CN}，集电区少子空穴和基区少子电子，在集电结反偏作用下漂移形成反向饱和电流 I_{CBO}。I_{CBO} 远小于 I_{CN}，所以集电极电流 I_C 基本等于 I_{CN}。

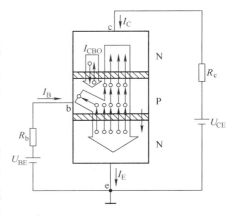

图 5-16   晶体管内部载流子运动

综上所述，晶体管内有如下电流关系：

$$I_E = I_B + I_C \tag{5-1}$$

$$I_C = I_{CN} + I_{CBO} \tag{5-2}$$

$$\bar{\beta} \approx \frac{I_C}{I_B} \tag{5-3}$$

式（5-3）中，$\bar{\beta}$ 称为共射极直流电流放大系数，表示了晶体管内固有的电流分配规律，即发射区每向基区注入一个复合用的载流子，就要向集电区供给 $\bar{\beta}$ 个载流子。也就是说，晶体管内如有一个单位的基极电流，就必然会有 $\bar{\beta}$ 倍的集电极电流，它表示了基极电流对集电极电流的控制能力，一般 $I_C \gg I_B$，这就是以小的 I_B 按一定比例来控制大的 I_C 电流。所以，晶体管是一个电流控制型器件，利用这一性质可以实现放大作用。

5.3.3   晶体管的特性曲线

晶体管外部各极电压、电流的相互关系称为晶体管的特性曲线。图 5-17 所示为 NPN 型晶体管共射极特性曲线测试电路。

1. 输入特性

当 U_{CE} 一定时，输入回路中输入电流 I_B 与输入电压 U_{BE} 之间的函数关系称为输入特性曲线。图 5-18a 为 $U_{CE} \geq 1V$ 后晶体管的输入特性曲线。可以看出晶体管的输入特性类似于二极管的正向伏安特性，也有死区。只有大于死区电压后，晶体管才出现基极电流，进入放大状态。

2. 输出特性

图 5-17   NPN 型晶体管共射极特性曲线测试电路

当 I_B 不变时，输出回路中的电流 I_C 与电压 U_{CE} 之间的关系曲线称为输出特性。NPN 型晶体管的输出特性曲线如图 5-18b 所示。在输出特性曲线上可以划分为三个区域：截止区、放大区和饱和区。

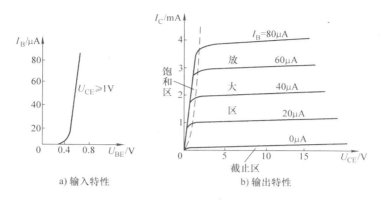

图 5-18　晶体管特性曲线

（1）截止区　一般将 $I_B \leq 0$ 的区域称为截止区，此时 I_C 也近似等于零。在截止区，集电结和发射结均处于反向偏置。

（2）放大区　在放大区内，各条输出特性曲线比较平坦，近似为水平的直线，表示当 I_B 一定时，I_C 的值基本上不随 U_{CE} 而变化。在这个区域，当基极电流发生微小的变化量 ΔI_B 时，相应的集电极电流将产生较大的变化量 ΔI_C，体现了晶体管的电流放大作用。工作在放大区的晶体管发射结正向偏置，集电结反向偏置。

（3）饱和区　在靠近纵轴附近，各条输出曲线的上升部分属于饱和区。在这个区域，不同 I_B 值的各条曲线几乎重叠在一起。I_C 不再随 I_B 变化，这种现象称为饱和。此时晶体管失去了放大作用。晶体管工作在饱和区时，发射结和集电结都处于正向偏置状态。

例 5-1　已知晶体管工作在放大状态，试判断两只晶体管分别是硅管还是锗管，NPN 型还是 PNP 型管，b、c、e 分别对应哪个脚。

（1）$U_1 = 12\text{V}$；$U_2 = 3.7\text{V}$；$U_3 = 3\text{V}$。（2）$U_1 = 12\text{V}$；$U_2 = 11.8\text{V}$；$U_3 = 5\text{V}$。

解： 晶体管工作在放大状态，则发射结正偏，集电结反偏，即 PNP 型管 $U_E > U_B > U_C$，NPN 型管 $U_C > U_B > U_E$。因此可先判断硅或锗管，再确定 b、e、c 脚，最后根据电压确定是 NPN 型还是 PNP 型管。

（1）晶体管发射结正向导通，$U_{BE} = 0.7\text{V}$ 或 0.2V。$U_2 - U_3 = 0.7\text{V}$，因此该管为硅管，且 2、3 脚为 b 或 e 脚；再比较 1、2、3 脚电压，发现 2 脚电压居中，因此 2 脚为 b，3 脚为 e，则 1 脚为 c；又因为 $U_C > U_B > U_E$，所以该管为 NPN 型管。

（2）$U_1 - U_2 = 0.2\text{V}$，因此该管为锗管，且 2、1 脚为 b 或 e 脚；再比较 1、2、3 脚电压，发现 2 脚电压居中，因此 2 脚为 b，1 脚为 e，3 脚为 c；又 $U_E > U_B > U_C$，所以该管为 PNP 型管。

5.3.4　晶体管的主要参数

1. 电流放大系数

晶体管的电流放大系数是表征晶体管放大作用大小的参数。

（1）共射极交流电流放大系数 β　体现共射极接法时晶体管的电流放大作用。定义为集电极电流与基极电流的变化量之比，即

$$\beta = \frac{\Delta I_C}{\Delta I_B}$$

（2）共射极直流电流放大系数 $\bar{\beta}$　$\bar{\beta}$ 近似等于集电极电流与基极电流的直流量之比，即

$$\bar{\beta} \approx \frac{I_C}{I_B}$$

β 和 $\bar{\beta}$ 的含义是不同的，但两者数值接近，常被认为是同一值。一般 β 为 20～150。

2. 反向饱和电流

（1）集电极和基极之间的反向饱和电流 I_{CBO}　I_{CBO} 表示当发射极 e 开路时，集电极 c 和基极 b 之间的反向电流。

（2）集电极和发射极之间的穿透电流 I_{CEO}　I_{CEO} 表示当基极 b 开路时，集电极 c 和发射极 e 之间的电流。两个反向电流之间存在关系：$I_{CEO} = (1 + \bar{\beta})I_{CBO}$。

因为 I_{CBO} 和 I_{CEO} 都是由少数载流子的运动形成的，所以对温度非常敏感。当温度升高时，I_{CBO} 和 I_{CEO} 都将急剧地增大。实际工作中选用晶体管时，要求晶体管的反向饱和电流 I_{CBO} 和穿透电流 I_{CEO} 尽可能小一些，这两个反向电流的值越小，表明晶体管的质量越高。

3. 极限参数

晶体管的极限参数是为保证晶体管的安全或保证晶体管参数变化不超过的允许值。

（1）集电极最大允许电流 I_{CM}　当集电极电流过大时，晶体管的 β 值就要减小。一般定义当 β 值下降为正常值的 1/3～2/3 时的 I_C 值为 I_{CM}。

（2）极间反向击穿电压　极间反向击穿电压表示外加在晶体管各电极之间的最大允许反向电压，如果超过这个限度，则管子的反向电流急剧增大，甚至可能被击穿而损坏。极间反向击穿电压主要有：

$U_{(BR)CEO}$：基极开路时，集电极和发射极之间的反向击穿电压。

$U_{(BR)CBO}$：发射极开路时，集电极和基极之间的反向击穿电压。

（3）集电极最大允许耗散功率 P_{CM}　当晶体管工作时，晶体管的电压降为 U_{CE}，集电极流过的电流为 I_C，因此损耗的功率为 $P_C = I_C U_{CE}$。集电极消耗的电能将转化为热能使管子的温度升高。如果温度过高，将使晶体管的性能恶化甚至被损坏，所以集电极损耗有一定的限制。

根据给定的极限参数 P_{CM}、I_{CM} 和 $U_{(BR)CEO}$，可以在输出特性曲线上画出晶体管的安全工作区，如图 5-19 所示。

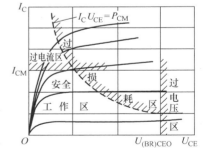

图 5-19　晶体管的安全工作区

5.4　半导体器件的型号和检测

5.4.1　半导体器件的型号

国家标准（GB/T 249-1989）规定，国产半导体器件的型号由如下五部分组成。

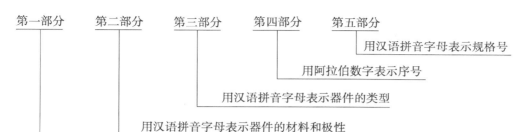

对于型号组成部分的符号及意义，见表 5-1。

表 5-1　国产半导体器件型号组成部分的符号及意义

第一部分		第二部分		第三部分		第四部分	第五部分
用阿拉伯数字表示器件的电极数目		用汉语拼音字母表示器件的材料和极性		用汉语拼音字母表示器件的类别		用阿拉伯数字表示序号	用汉语拼音字母表示规格号
符号	意义	符号	意义	符号	意义		
2	二极管	A	N 型，锗材料	P	小信号管		
		B	P 型，锗材料	V	混频检波管		
		C	N 型，硅材料	W	电压调整管和电压基准管		
		D	P 型，硅材料	C	变容管		
3	三极管	A	PNP 型，锗材料	Z	整流管		
		B	NPN 型，锗材料	L	整流堆		
		C	PNP 型，硅材料	S	隧道管		
		D	NPN 型，硅材料	K	开关管		
		E	化合物材料	X	低频小功率晶体管 $(f_a < 3\text{MHz}, P_c < 1\text{W})$		
				G	高频小功率晶体管 $(f_a \geqslant 3\text{MHz}, P_c < 1\text{W})$		
				D	低频大功率晶体管 $(f_a < 3\text{MHz}, P_c \geqslant 1\text{W})$		
				A	高频大功率晶体管 $(f_a \geqslant 3\text{MHz}, P_c \geqslant 1\text{W})$		
				T	闸流管		
				Y	体效应管		
				B	雪崩管		
				J	阶跃恢复管		

5.4.2　半导体器件的检测

1. 二极管的检测

通常在二极管的外壳上标有二极管的符号，根据符号可知二极管的阳极和阴极。在点接触型二极管的外壳上，通常标有极性色点（白色或红色）。一般标有色点的一端即为阳极。还有的二极管上标有色环，带色环的一端则为阴极。

通过用万用表检测其正、反向电阻值，可以判别出二极管的电极，还可估测出二极管是否损坏。具体做法是：将万用表置于 $R \times 100$ 挡或 $R \times 1k$ 挡，两表笔分别接二极管的两个电极，测出一个阻值，对调两表笔，再测出一个阻值。若两次指示的阻值相差很大，说明该二极管单向导电性好。在阻值较小的一次测量中，黑表笔接的是二极管的正极，红表笔接的是二极管的负极。若两次指示的阻值相差很小，说明该二极管已失去单向导电性。若测得二极管的正、反向电阻值均接近 0 或阻值较小，则说明该二极管内部已击穿短路或漏电损坏。若两次指示的阻值均很大，则说明该二极管已经开路损坏。

2. 中、小功率晶体管的检测

（1）检测判别电极

1）判定基极和晶体管的类型。由于基极与发射极、基极与集电极之间，分别是两个 PN 结，而 PN 结的反向电阻值很大，正向电阻很小，因此，可用万用电表的 $R \times 100$ 挡或 $R \times 1k$ 挡进行测试。先将黑表笔接晶体管的一极，然后将红表笔先后接其余的两个极。若两次测得的电阻都很小，则黑表笔接的是 NPN 型晶体管的基极；若两次测得的阻值一大一小，则黑表笔所接的电极不是晶体管的基极，应另接一个电极重新测量以便确定晶体管的基极。将红表笔接晶体管的某一极，黑表笔先后接其余的两个极，若两次测得的电阻都很小，则红表笔接的电极为 PNP 型晶体管的基极。

2）判定集电极 c 和发射极 e。以 NPN 型晶体管为例，将万用表置于 $R \times 100$ 挡或 $R \times 1k$ 挡，红表笔接在假设的发射极 e 上，黑表笔接在假设的集电极 c 上，并且用手捏住 b 和 c 极（不能使 b 和 c 极直接接触），读出表头 c、e 极间的电阻值，然后将黑、红表笔反接重测。若第一次电阻值比第二次小，说明原假设成立，黑表笔所接为晶体管的集电极 c，红表笔所接为晶体管的发射极 e。

（2）性能检测　已知型号和管脚排列的晶体管，可按下述方法来判断其性能好坏。

1）测量极间电阻。以 NPN 型晶体管为例。将万用表置于 $R \times 100$ 挡或 $R \times 1k$ 挡，用万用电表的黑表笔接晶体管的基极，红表笔接另外两极，测得的电阻都很小；用红表笔接基极，黑表笔接另外两极，测得的电阻都很大，为几百千欧至无穷大，则此晶体管是好的，否则就是坏的。

2）通过用万用表直接测量晶体管 c、e 极之间电阻的方法，可间接估计 I_{CEO} 的大小，具体方法如下：

万用表电阻挡的量程一般选用 $R \times 100$ 挡或 $R \times 1k$ 挡，对于 PNP 型晶体管，黑表笔接 e 极，红表笔接 c 极；对于 NPN 型晶体管，黑表笔接 c 极，红表笔接 e 极。测得的电阻值越大越好。c、e 间的阻值越大，说明晶体管的 I_{CEO} 越小；反之，所测阻值越小，说明被测管的 I_{CEO} 越大。如果阻值很小或测试时万用表指针来回晃动，则表明 I_{CEO} 很大，晶体管的性能不稳定。

3）测量放大倍数 β。目前有些型号的万用表具有测量晶体管 h_{FE} 的刻度线及其测试插座，可以很方便地测量晶体管的放大倍数。

另外，有些型号的中、小功率晶体管，生产厂家用不同色点来表明晶体管的放大倍数 β 值，其颜色和 β 值的对应关系见表 5-2，但要注意，各厂家所用色标并不一定完全相同。表 5-2 列出了 3DG100 型晶体管 β 值的分档标志。

表 5-2   3DG100 型晶体管 β 值的分档标志

色点颜色	红	黄	绿	蓝	白	不标色
β 范围	20~30	30~60	60~100	100~150	150~200	>200

本 章 小 结

1. 掺有少量其他元素的半导体称为杂质半导体。杂质半导体分为两种：N 型半导体——多数载流子是电子；P 型半导体——多数载流子是空穴。当把 P 型半导体和 N 型半导体结合在一起时，在二者的交界处形成一个 PN 结，这是制造各种半导体器件的基础。

2. 二极管就是利用一个 PN 结加上外壳，引出两个电极而制成的。它的主要特点是具有单向导电性，在电路中可以起整流和限幅等作用。

3. 稳压管正常工作时，流过稳压管的电流变化很大，但稳压管两端的电压几乎不变。

4. 双极型晶体管有两种类型：NPN 型和 PNP 型。

5. 利用晶体管的电流控制作用可以实现放大。晶体管实现放大作用的条件是：外加电源的极性应保证发射结正向偏置，集电结反向偏置。

6. 描述晶体管放大作用的重要参数是共射极电流放大系数 β，$\beta = \Delta I_C / \Delta I_B$。晶体管的共射极输出特性可以划分为三个区：截止区、放大区和饱和区。为了对输入信号进行线性放大，避免产生严重的失真，应使晶体管工作在放大区内。

思考与习题

5-1 半导体中的载流子浓度主要与哪些因素有关？

5-2 什么是 P 型半导体，什么是 N 型半导体？

5-3 晶体管有几个工作区？电压、电流各有什么特点？

5-4 试判断图 5-20 中各二极管的工作状态。

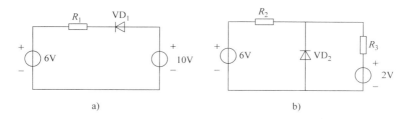

a)   b)

图 5-20 题 5-4 电路

5-5 试判断图 5-21 所示电路中二极管是导通还是截止？并求出 A、O 两端电压 U_{AO}。

5-6 在图 5-22 所示电路中，试求下列几种情况下输出的电位，并说明二极管是导通还是截止的。

（1）$U_A = U_B = 0V$。（2）$U_A = 3V$，$U_B = 0V$。（3）$U_A = U_B = 3V$。

5-7 在图 5-23 所示各电路中，$U = 5V$，$u_i = 10\sin\omega t V$，二极管的正向电压降可忽略不计。试画出输出电压 u_o 的波形。

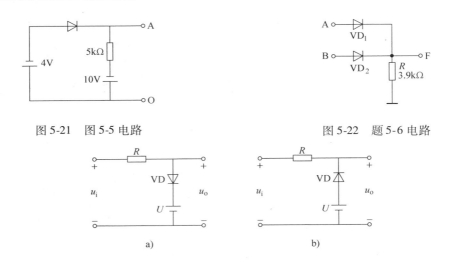

图 5-21　图 5-5 电路　　　　　　　　　图 5-22　题 5-6 电路

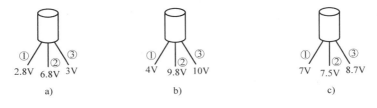

　　　　　a)　　　　　　　　　　　　　　　b)

图 5-23　题 5-7 电路

5-8　设有两个相同型号的稳压管，稳压值均为 6V，当工作在正向时，电压降均为 0.7V，如果将它们用不同的方法串联后接入电路，可能得到几种不同的稳压值？试画出各种不同的串联方法。

5-9　用直流电压表测得放大电路中几个晶体管的电极电位如图 5-24 所示，试判断各管的管脚、类型及材料。

图 5-24　题 5-9 图

第6章 放大电路基础

> **内容提要：** 本章介绍放大电路的组成，共射极放大电路和共集电极放大电路的分析方法，多级放大电路的分析方法，功率放大电路的组成及原理，反馈的基本概念、判断方法，负反馈对放大电路性能的影响等。

6.1 基本放大电路的组成

在生产和生活中，有各种各样的放大电路，用于将微弱的电信号放大，以便有效地进行观察、测量、控制或调节利用。所谓放大，其本质是要实现能量的转换。即在输入小信号作用下，通过放大电路按比例从直流电源中提取较大的能量输出给负载，这种小能量对大能量的控制作用就是放大作用。因此，放大电路中，必须要有直流电源和放大器件，并使放大器件工作在能够进行能量控制的放大状态。

图 6-1 所示为基本共射极放大电路。该放大电路中各元器件的作用如下：

（1）NPN 型晶体管 VT　它是放大电路的核心器件。利用它的电流控制原理，可实现从直流电源中提取与输入信号成比例的较大能量，并输出给负载。

（2）基极偏置电阻 R_b　它和电源 U_{CC} 一起给基极提供一个合适的基极直流 I_B，使晶体管能工作在放大状态。

（3）电源 U_{CC}　为电路提供能量，并保证晶体管能工作在放大状态。

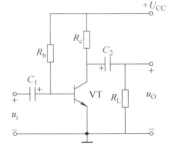

图 6-1　基本共射极放大电路

（4）集电极负载电阻 R_c　将晶体管的集电极电流变化变换为集电极的电压变化，从而实现电压放大。

（5）耦合电容 C_1、C_2　利用电容通交隔直的作用，把信号源、放大电路、负载之间的直流隔开，互不干扰；又能够把外加交流输入信号传递给放大电路，放大后再传递给负载。

6.2 基本放大电路的分析

放大电路中有直流电源激起的直流响应，也有交流信号源激起的交流响应，因此，在分析放大电路时，可以将交、直流信号分成直流通路和交流通路来分析。

6.2.1 静态工作点的估算

当放大电路外加输入信号为零时，电路所处的工作状态称为"静态"。静态时耦合电容 C_1、C_2 视为开路，便可得到基本共射极放大电路的直流通路如图 6-2a 所示。此时在直流电

源 U_{CC} 的作用下，晶体管的基极回路和集电极回路均存在着直流电流和直流电压，这些直流电流和电压在晶体管的输入、输出特性上各自对应一个点，如图 6-2b 所示，称为静态工作点 Q。静态工作点处的电流、电压分别用符号 I_{BQ}、U_{BEQ}、I_{CQ}、U_{CEQ} 表示。所谓静态分析，就是确定电路中的静态值 I_{BQ}、I_{CQ} 和 U_{CEQ}。

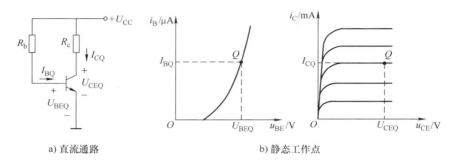

a) 直流通路　　　　　　　　　b) 静态工作点

图 6-2　基本共射极放大电路的静态分析

由图 6-2a 所示的直流通路，可求得静态基极电流为

$$I_{BQ} = \frac{U_{CC} - U_{BEQ}}{R_b} \tag{6-1}$$

U_{BEQ} 的变化范围很小，一般硅管的 U_{BEQ} 为 0.6 ~ 0.8V，锗管的 U_{BEQ} 为 0.1 ~ 0.3V。

$$I_{CQ} \approx \beta I_{BQ} \tag{6-2}$$

$$U_{CEQ} = U_{CC} - I_{CQ}R_c \tag{6-3}$$

例 6-1　设图 6-1 所示的基本共射极放大电路中，$U_{CC} = 12V$，$R_c = 3k\Omega$，$R_b = 280k\Omega$，晶体管的 β 等于 50，试估算静态工作点。

解： 设晶体管的 $U_{BEQ} = 0.7V$，则

$$I_{BQ} = \frac{U_{CC} - U_{BEQ}}{R_b} = \frac{12V - 0.7V}{280k\Omega} = 0.04mA = 40\mu A$$

$$I_{CQ} \approx \beta I_{BQ} = 50 \times 0.04mA = 2mA$$

$$U_{CEQ} = U_{CC} - I_{CQ}R_c = 12V - 2mA \times 3k\Omega = 6V$$

6.2.2　放大电路的动态工作情况

在输入端加上正弦交流信号电压 u_i 时，放大电路的工作状态为"动态"。这时电路中既有直流成分，也有交流成分，各极的电流和电压都是在静态值的基础上再叠加交流分量。为了区分不同情况，在以后的分析中用小写字母大写下标表示总瞬时值，用小写字母小写下标表示交流分量，用大写字母大写下标表示静态直流分量。

设在输入端加上的交流电压信号为 $u_i = U_m\sin\omega t$，耦合电容可视为短路，则发射结电压为静态值叠加交流电压，即 $u_{BE} = U_{BEQ} + u_i$。

u_{BE} 的变化引起基极电流在静态值基础上产生相应变化，即 $i_B = I_{BQ} + i_b$。

i_B 的变化引起集电极电流在静态值基础上产生相应变化，即 $i_C = I_{CQ} + i_c$。

i_C 的变化引起集电极电压在静态值基础上产生相应变化，当 i_C 增大时，u_{CE} 减小，即 u_{CE} 的变化与 i_C 相反。因此经过耦合电容传送到输出端的输出电压与输入电压反相。只要电

路参数选取合适，输出将比输入幅值大得多，达到放大目的。放大电路的动态波形如图 6-3 所示。

6.2.3　微变等效法分析放大电路

放大电路的动态性能一般用交流通路来研究。所谓交流通路，就是交流电流流通的途径，在画法上遵循两条原则：将原理图中的耦合电容 C_1、C_2 视为短路；电源 U_{CC} 的内阻很小，对交流信号视为对地短路。图 6-1 所示的放大电路的交流通路如图 6-4 所示。分析放大电路的动态性能有微变等效法和图解法，下面仅介绍微变等效法。

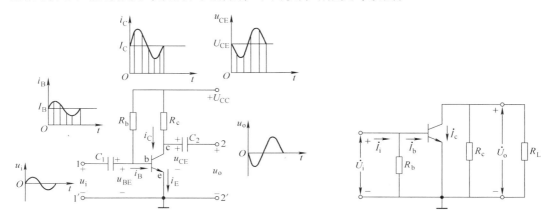

图 6-3　放大电路的动态波形　　　　　　　图 6-4　放大电路的交流通路

图 6-4 中晶体管是非线性器件，这给电路分析带来不便。放大电路特别是电压放大电路一般都工作在小信号状态。当晶体管工作在小信号情况下，信号只是在静态工作点附近小范围变化，其运动轨迹已接近直线，即晶体管特性是近似线性的，可用一个线性电路来代替，这个线性电路就称为晶体管的微变等效电路。

1. 微变等效电路

图 6-5a 是晶体管的输入特性曲线。如果输入信号很小，在静态工作点 Q 附近的工作段可近似地认为是直线，即可认为 ΔI_B 与 ΔU_{BE} 成正比，因而可以用一个等效电阻 r_{be} 来代表输入电压和输入电流之间的关系，即

$$r_{be} = \frac{\Delta U_{BE}}{\Delta I_B}$$

动态电阻 r_{be} 称为晶体管的输入电阻。低频小功率晶体管的输入电阻常用下式估算：

$$r_{be} = 300\Omega + (1+\beta)\frac{26mV}{I_{EQ}} \tag{6-4}$$

式中，I_{EQ} 为发射极静态电流值，单位为 mA。

图 6-5b 是晶体管的输出特性曲线。在 Q 点附近特性曲线基本上是水平的，即 ΔI_C 与 ΔU_{CE} 无关，而只取决于 ΔI_B。在数量关系上，ΔI_C 比 ΔI_B 大 β 倍，所以从晶体管的输出端看进去，可以用一个大小为 $\beta\Delta i_b$ 的受控电流源来代替晶体管。受控源 $\beta\Delta i_b$ 实质上体现了基极电流 ΔI_B 对集电极电流 ΔI_C 的控制作用。这样，就得到了图 6-6 所示晶体管的微变等效电路。

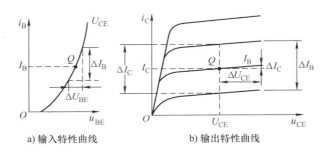

a) 输入特性曲线　　　　　b) 输出特性曲线

图 6-5　晶体管特性曲线

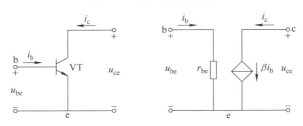

图 6-6　晶体管的微变等效电路

用晶体管的微变等效电路代替图 6-4 中的晶体管，就得到了图 6-7 所示放大电路的微变等效电路。由图 6-7 可对放大电路进行各项动态性能指标计算。

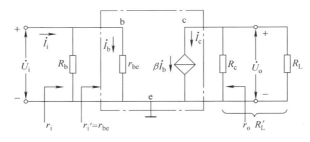

图 6-7　放大电路的微变等效电路

2. 动态性能指标的计算

现假设输入一个正弦电压，图 6-7 中 $\dot{U}_i$、$\dot{U}_o$、$\dot{I}_b$ 和 $\dot{I}_c$ 等分别代表有关电压或电流的正弦相量。根据等效电路的输入回路可求得

$$\dot{U}_i = \dot{I}_b r_{be}$$

由输出回路可知

$$\dot{U}_o = -\dot{I}_c R'_L \quad (R'_L = R_c // R_L)$$

且

$$\dot{I}_c = \beta \dot{I}_b$$

则

$$\dot{A}_u = \frac{\dot{U}_o}{\dot{U}_i} = -\frac{\beta R'_L}{r_{be}} \tag{6-5}$$

式中，负号表示输入与输出信号之间的相位始终是反相的。当负载开路时，有

$$\dot{A}_u = \frac{\dot{U}_o}{\dot{U}_i} = -\frac{\beta R_c}{r_{be}}$$

根据图 6-7 还可求得基本共射极放大电路的输入电阻 r_i 和输出电阻 r_o 分别为

$$r_i = R_b \mathbin{/\mkern-5mu/} r_{be} \approx r_{be} \tag{6-6}$$

$$r_o = R_c \tag{6-7}$$

例6-2　在图 6-8a 所示电路中，$\beta = 50$，$U_{BE} = 0.7V$，试求静态工作点，并计算各项动态指标。

解：

$$I_{BQ} = \frac{U_{CC} - 0.7V}{R_b} = \frac{12V - 0.7V}{280 \times 10^3 \Omega} \approx 0.04mA = 40\mu A$$

$$I_{CQ} = \beta I_{BQ} = 50 \times 0.04mA = 2mA$$

$$U_{CEQ} = U_{CC} - I_{CQ}R_c = 12V - 2mA \times 3k\Omega = 6V$$

画出微变等效电路如图 6-8b 所示。

$$r_{be} = 300\Omega + \frac{(\beta + 1) \times 26mV}{I_{EQ}} = 300\Omega + \frac{51 \times 26mV}{2mA} = 963\Omega \approx 0.96k\Omega$$

$$\dot{A}_u = \frac{-\beta R'_L}{r_{be}} = \frac{-50 \times (3 \mathbin{/\mkern-5mu/} 3)k\Omega}{0.96k\Omega} = -78.1$$

$$r_i = R_b \mathbin{/\mkern-5mu/} r_{be} \approx r_{be} = 0.96k\Omega$$

$$r_o \approx R_c = 3k\Omega$$

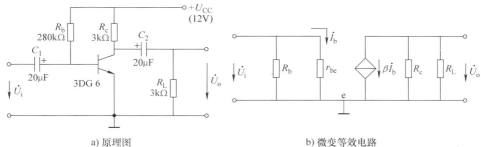

a) 原理图　　　　　　　　　　　　　b) 微变等效电路

图 6-8　例 6-2 图

6.3　分压式偏置电路

6.3.1　放大电路的失真及静态工作点的稳定

1. 静态工作点的设置

由 6.2 节分析可知，动态时晶体管各极的电流和电压都是在静态值的基础上再叠加交流分量。因此对一个放大电路而言，要求输出不失真，就必须设置合适的静态工作点。如图 6-9 所示，将基极电源去掉，静态时 $I_{BQ} = I_{CQ} = 0$、$U_{CEQ} = U_{CC}$，静态工作点位于截止区，晶体管处于截止状态。当加入输入电压 u_i 时，晶体管只有在信号正半周大于开启电压 U_{on} 的时间内导通，输出放大信号；u_i 正半周小于 U_{on} 的时间内及 u_i 的整个负半周，晶体管都是截止的，所以输出电压必然严重失真。由图 6-10 可见，为使输出不失真，静态工作点 Q 应尽量设置在放大区的中间位置。

2. 非线性失真

如果静态值设置不当，如图 6-10 所示，将出现严重的非线性失真。

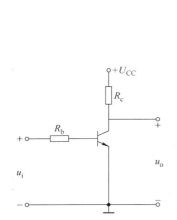

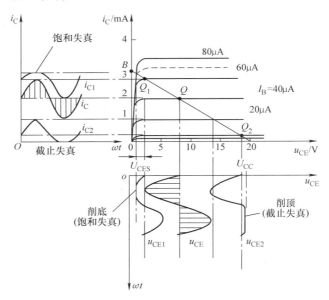

图 6-9　没有设置合适的静态工作点　　　　图 6-10　静态工作点对输出的影响

（1）截止失真　由于静态工作点靠近截止区造成的非线性失真称为截止失真。图 6-10 中将静态工作点设置在 Q_2 点。此时静态工作点过低，靠近截止区，输出电压波形被削顶，产生了截止失真。

（2）饱和失真　由于静态工作点靠近饱和区造成的非线性失真称为饱和失真。图 6-10 中将静态工作点设置在 Q_1 点。此时静态工作点过高，靠近饱和区，输出电压波形被削底，产生了饱和失真。

静态工作点的设置可通过改变偏置电路中的偏置电阻 R_b 来实现。增加 R_b，使 I_B 减小，静态工作点下降；减小 R_b，使 I_B 增加，静态工作点上移。

3. 静态工作点的稳定

静态工作点除需设置合适外，还需考虑如何能使静态工作点保持稳定。放大电路静态工作点不稳定的原因主要是晶体管的参数受温度影响而发生了变化。晶体管是一种对温度十分敏感的器件。当温度升高时，晶体管的 U_{BE} 将减小、β 将增加，I_{CBO} 也将急剧增加，这些因素最终导致集电极电流 I_C 增大，反映到输出特性上是使每一条输出特性曲线上移。如图 6-11 所示，当温度上升时，输出特性可变为图中的虚线。静态工作点将由 Q 点上移至 Q' 点，即静态工作点移近饱和区，使输出波形容易产生饱和失真。

如图 6-12 所示，应用最广泛的稳定静态工作点电路是分压式偏置电路。电阻 R_{b1} 与 R_{b2} 构成分压式偏置电路。设置参数使 $I_R \gg I_B$，一般 $I_R = (5 \sim 10)I_B$，就可以忽略 I_B 的影响，电阻 R_{b1} 与 R_{b2} 上电流相同，则基极电位 $V_{BQ} = \dfrac{R_{b2}}{R_{b1} + R_{b2}} U_{CC}$ 是 U_{CC} 经 R_{b1} 与 R_{b2} 分压后得到，故可

认为其不受温度变化的影响，基本上是稳定的。当集电极电流 I_{CQ} 随温度的升高而增大时，发射极电流 I_{EQ} 也将相应地增大，I_{EQ} 流过 R_e 使发射极电位 V_{EQ} 升高，则晶体管的发射结电压 $U_{BEQ} = V_{BQ} - V_{EQ}$ 将降低，从而使静态基流 I_{BQ} 减小，于是 I_{CQ} 也随之减小，结果使静态工作点基本保持稳定。这个过程如下：

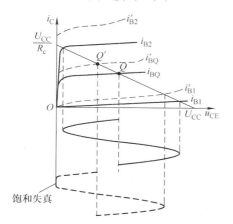 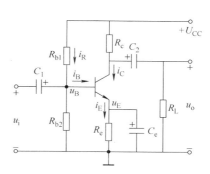

图 6-11　温度对 Q 点的影响　　　　图 6-12　分压式偏置电路

$$T\uparrow \;\rightarrow\; I_{CQ}\uparrow \;\rightarrow\; I_{EQ}\uparrow \;\rightarrow\; V_{EQ}\uparrow \;\rightarrow\; U_{BEQ}\downarrow\,(V_{BQ}\;固定)\;\rightarrow\; I_{BQ}\downarrow$$

$$I_{CQ}\downarrow \;\longleftarrow$$

显然，R_e 越大，同样的 I_{EQ} 变化量所产生的 V_{EQ} 的变化量也越大，则电路的温度稳定性越好。但是 R_e 的接入，使发射极电流的交流分量在其上产生压降，会减小输出电压，降低放大电路的电压放大倍数。为了稳定静态工作点又不降低电压放大倍数，在 R_e 两端并联大容量的发射极旁路电容 C_e。若 C_e 足够大，则 R_e 两端的交流压降可以忽略，对电压放大倍数不产生影响。

6.3.2　分压式偏置电路的分析

1. 静态分析

画出直流通路如图 6-13a 所示，可得

$$V_{BQ} = \frac{R_{b2}}{R_{b1} + R_{b2}} U_{CC} \tag{6-8}$$

$$I_{CQ} \approx I_{EQ} = \frac{V_{EQ}}{R_e} = \frac{V_{BQ} - U_{BEQ}}{R_e} \tag{6-9}$$

$$I_{BQ} = \frac{I_{CQ}}{\beta} \tag{6-10}$$

$$U_{CEQ} = U_{CC} - I_{CQ}R_c - I_{EQ}R_e \approx U_{CC} - I_{CQ}(R_c + R_e) \tag{6-11}$$

2. 动态分析

画出微变等效电路如图 6-13b 所示。可得电压放大倍数为

$$\dot{A}_u = \frac{\dot{U}_o}{\dot{U}_i} = -\frac{\beta R'_L}{r_{be}}\,(R'_L = R_c \,/\!/\, R_L) \tag{6-12}$$

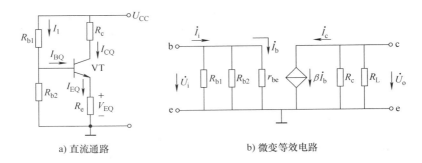

a) 直流通路　　　　　　　　　　b) 微变等效电路

图 6-13　分压式偏置电路的分析

电路的输入电阻为 $\qquad r_i = r_{be} // R_{b1} // R_{b2}$　　　　　　　　　　　(6-13)

输出电阻为 $\qquad r_o = R_c$　　　　　　　　　　　(6-14)

例 6-3　在图 6-12 所示电路中，已知晶体管 $\beta = 200$，$R_{b1} = 30\text{k}\Omega$，$R_{b2} = 15\text{k}\Omega$，$R_c = 4\text{k}\Omega$，$R_e = 2\text{k}\Omega$，$R_L = 1\text{k}\Omega$，$U_{CC} = 9\text{V}$。试求：静态工作点 Q、电压放大倍数、输入电阻、输出电阻。

解： 放大电路的直流通路和微变等效电路如图 6-13 所示，则静态值为

$$V_{BQ} = \frac{R_{b2}}{R_{b1} + R_{b2}} U_{CC} = 3\text{V}$$

$$I_{CQ} \approx I_{EQ} = \frac{V_{BQ} - 0.7\text{V}}{R_e} = 1.15\text{mA}$$

$$U_{CEQ} = U_{CC} - I_{CQ}(R_c + R_e) = 2.1\text{V}$$

计算动态指标：

$$r_{be} = 300\Omega + \frac{(\beta + 1) \times 26\text{mV}}{I_{EQ}} \approx 4.84\text{k}\Omega$$

$$A_u = \frac{-\beta R'_L}{r_{be}} = \frac{-200 \times (1 // 4)\text{k}\Omega}{4.84\text{k}\Omega} = -33$$

$$r_i = R_{b1} // R_{b2} // r_{be} \approx r_{be} = 3.26\text{k}\Omega$$

$$r_o = R_c = 4\text{k}\Omega$$

6.4　共集电极放大电路——射极输出器

共集电极放大电路如图 6-14 所示，它是从基极输入信号，从发射极输出信号。输入信号与输出信号的公共端是晶体管的集电极。又由于输出信号从晶体管的发射极引出，因此这种电路也称为射极输出器。下面对共集电极放大电路进行静态和动态分析。

1. 静态分析

由图 6-15a 所示的直流通路可得

$$U_{CC} = I_{BQ}R_b + U_{BEQ} + I_{EQ}R_e$$
$$= I_{BQ}R_b + U_{BEQ} + (1+\beta)I_{BQ}R_e$$

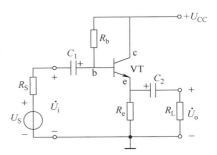

图 6-14　共集电极放大电路

所以

$$I_{BQ} = \frac{U_{CC} - U_{BEQ}}{R_b + (1+\beta)R_e} \tag{6-15}$$

则

$$I_{CQ} \approx \beta I_{BQ} \tag{6-16}$$

$$U_{CEQ} = U_{CC} - I_{EQ}R_e \approx U_{CC} - I_{CQ}R_e \tag{6-17}$$

2. 动态分析

由图 6-15b 所示的微变等效电路可得

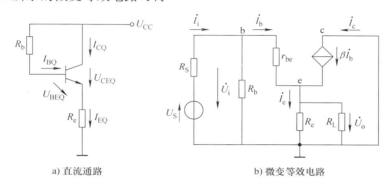

a) 直流通路　　　　　　　　　　　b) 微变等效电路

图 6-15　共集电极放大电路分析

$$\dot{U}_o = \dot{I}_e R'_L = (1+\beta)\dot{I}_b R'_L$$

$$\dot{U}_i = \dot{I}_b r_{be} + \dot{I}_e R'_L = \dot{I}_b r_{be} + (1+\beta)\dot{I}_b R'_L$$

故

$$\dot{A}_u = \frac{\dot{U}_o}{\dot{U}_i} = \frac{(1+\beta)R'_L}{r_{be} + (1+\beta)R'_L} \tag{6-18}$$

式中，$R'_L = R_e /\!/ R_L$。

由式（6-18）可知，共集电极放大电路的电压放大倍数恒小于 1，而接近于 1，且输出电压与输入电压同相，所以又称为射极输出器（跟随器）。

射极输出器的输入电阻为

$$r_i = R_b /\!/ [r_{be} + (1+\beta)R'_L] \tag{6-19}$$

由式（6-19）可见，射极输出器的输入电阻比共射极放大电路的输出电阻大的多，可达几十千欧到几百千欧。

射极输出器的输出电阻为

$$r_o = R_e /\!/ \frac{R'_S + r_{be}}{1+\beta} \tag{6-20}$$

式中，$R'_S = R_S /\!/ R_b$。由式（6-20）可见，射极输出器的输出电阻很小，一般为几十欧到几百欧，比共射极放大电路的输出电阻小得多。

3. 共集电极放大电路的特点及用途

1）电压放大倍数小于 1，但近似等于 1，无电压放大作用，但仍具有电流放大的作用。

2）射极输出器输入电阻高，主要用它作为输入级，以便与信号源匹配。

3）射极输出器输出电阻小，主要用它作为输出级，以提高带负载能力。

例 6-4　在图 6-14 所示的共集电极放大电路中，$U_{CC} = 10\text{V}$，$R_e = 5.6\text{k}\Omega$，$R_b = 240\text{k}\Omega$，

晶体管的 $\beta = 40$，信号源内阻 $R_S = 10k\Omega$，负载电阻 R_L 开路。试估算静态工作点，并计算其电压放大倍数、输入和输出电阻。

解：

$$I_{BQ} = \frac{U_{CC} - U_{BEQ}}{R_b + (1 + \beta)R_e} = \frac{10V - 0.7V}{240k\Omega + 41 \times 5.6k\Omega} \approx 0.02mA$$

$$I_{CQ} \approx \beta I_{BQ} = 40 \times 0.02mA = 0.8mA$$

$$U_{CEQ} = U_{CC} - I_{EQ}R_e \approx U_{CC} - I_{CQ}R_e = 10V - 0.8mA \times 5.6k\Omega = 5.52V$$

$$r_{be} = 300\Omega + (\beta + 1)\frac{26mV}{I_{EQ}} = 300\Omega + \frac{41 \times 26mV}{0.8mA} \approx 1.6k\Omega$$

$$\dot{A}_u = \frac{\dot{U}_o}{\dot{U}_i} = \frac{(1 + \beta)R'_L}{r_{be} + (1 + \beta)R'_L} = \frac{41 \times 5.6k\Omega}{1.6k\Omega + 41 \times 5.6k\Omega} = 0.993$$

式中，$R'_L = R_e = 5.6k\Omega$。

$$r_i = R_b // [r_{be} + (1 + \beta)R'_L] = \frac{240k\Omega \times (1.6k\Omega + 41 \times 5.6k\Omega)}{240k\Omega + (1.6k\Omega + 41 \times 5.6k\Omega)} = 118k\Omega$$

$$r_o = R_e // \frac{R'_S + r_{be}}{1 + \beta} \approx \frac{R'_S + r_{be}}{1 + \beta} = \frac{9.6k\Omega + 1.6k\Omega}{41} = 273\Omega$$

式中，$R'_S = R_b // R_S = \frac{10k\Omega \times 240k\Omega}{10k\Omega + 240k\Omega} = 9.6k\Omega$。

6.5 多级放大电路

在实际的电子设备中，为了得到足够大的放大倍数或者使输入电阻和输出电阻达到指标要求，一个放大电路往往由多级组成。多级放大电路由输入级、中间级及输出级组成，如图 6-16 所示。

图 6-16 多级放大电路框图

1. 多级放大电路的耦合方式

多级放大电路是将各单级放大电路连接起来，各级间的连接方式称为耦合。常见的耦合方式有阻容耦合、变压器耦合及直接耦合三种形式。

（1）阻容耦合 如图 6-17 所示，阻容耦合是利用电容作为耦合元件将前级和后级连接起来。优点是，各级的直流通路互不相关，

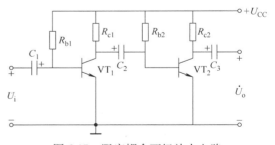

图 6-17 阻容耦合两级放大电路

每一级的静态工作点都是独立的，不会相互影响。缺点是不适合于传送缓慢变化的信号，并且在集成电路中无法采用。

（2）变压器耦合 如图 6-18 所示，变压器耦合是利用变压器将前后级连接起来。优点

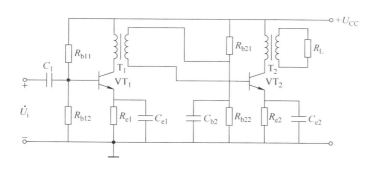

图 6-18 变压器耦合两级放大电路

是各级静态工作点相互独立、互不影响，同时还能够进行阻抗、电压、电流变换。变压器耦合的缺点是体积大、笨重，不能实现集成化应用。

（3）直接耦合 直接耦合是将前级放大电路和后级放大电路直接用导线相连的耦合方式。优点是便于集成化，在实际的集成电路中，一般都采用直接耦合电路。缺点是使前级和后级的直流通路相通，静态电位相互牵制，使得各级静态工作点相互影响。

2. 阻容耦合多级放大电路的分析计算

阻容耦合多级放大电路的分析计算遵循以下规则：

1）各级放大器的静态工作点相互独立，分别估算。

2）后一级的输入电阻是前一级的交流负载电阻，即 $R_{L(n-1)} = r_{i(n)}$。

3）多级放大电路总的电压放大倍数等于各级放大倍数的乘积，即 $\dot{A}_u = \dot{A}_{u1}\dot{A}_{u2}$。

4）多级放大电路总的输入电阻 r_i 就等于第一级的输入电阻 r_{i1}，即 $r_i = r_{i1}$。

5）多级放大电路总的输出电阻 r_o 就等于最后一级的输出电阻 $r_{o(n)}$，即 $r_o = r_{o(n)}$。

6.6 功率放大电路

在多级放大电路中，向负载提供信号功率的任务主要由输出级电路承担，通常将能够向负载提供较大信号功率的放大电路称为功率放大电路。

6.6.1 放大电路的工作状态

从能量转换的观点来看，功率放大电路和电压放大电路没有本质的区别。但是，功率放大电路和电压放大电路所要完成的任务是不同的。在电压放大电路中，要求放大的主要是不失真的电压信号，输出的功率并不一定要大。而功率放大电路主要要求输出功率要足够大、效率要高、尽量减小非线性失真、驱动能力要强。

放大电路按其晶体管导通时间的不同，其工作状态可分为甲类、甲乙类和乙类，如图 6-19 所示。

前面所讲的电压放大电路静态工作点在交流负载线的中点，称为甲类工作状态。此时不论是否有信号输入，电源提供的功率是不变的，在理想情况下，甲类放大电路的最高效率也只能达到 50%。为了提高效率，应将静态工作点下移，如图 6-19b 所示，称为甲乙类工作状态。若将静态工作点下移至 $i_C = 0$ 处，如图 6-19c 所示，称为乙类工作状态。

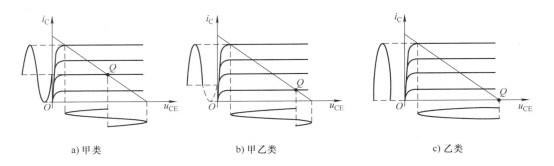

a) 甲类　　　　　b) 甲乙类　　　　　c) 乙类

图 6-19　放大电路的工作状态

甲乙类和乙类工作状态静态时消耗的功率减小了，效率得以提高，但输出出现了严重的失真。解决此问题的方法是在电路上采用互补对称电路，常用的有 OCL 与 OTL 互补对称功率放大电路。

6.6.2　OCL 互补对称功率放大电路

1. 乙类 OCL 互补对称功率放大电路

如图 6-20 所示，采用双电源并且无输出电容的互补对称功率放大电路称为乙类 OCL 互补对称功率放大电路。它由特性一致的 NPN 型和 PNP 型晶体管 VT_1、VT_2 组成。两管的基极连在一起，接输入信号，两管的发射极连在一起作为接负载的输出端，两管的集电极分别接正电源和负电源。

静态时，两管截止，$I_{CQ}=0$，电路处于乙类状态。当有输入信号时，在正半周 VT_1 管导通，VT_2 截止；在负半周 VT_2 管导通，VT_1 截止。两管正、负半周轮流导通，互相补充，避免了输出波形的失真。

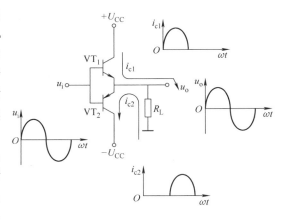

图 6-20　乙类 OCL 互补对称功率放大电路

2. 甲乙类 OCL 互补对称功率放大电路

由于晶体管存在死区电压，当加在晶体管发射结上的正向电压小于死区电压时，晶体管不能导通，因此，在两个管子交替的过程中，有一段时间两管都截止，负载上的电压将出现失真，这种失真称为交越失真，交越失真波形如图 6-21 所示。为了克服交越失真，需要给晶体管加上较小的静态偏置，电路如图 6-22 所示。此时 VD_1、VD_2 上产生的电压降为 VT_1、VT_2 提供了一个适当的偏置电压，使两个晶体管在静态时处于微导通状态，消除了交越失真，属于甲乙类 OCL 互补对称功率放大电路。

3. 主要指标

（1）输出功率　输出功率是负载 R_L 上的电流 I_o 与输出电压 U_o 有效值的乘积。设输出电压的最大值为 U_{om}，则

$$P_o = U_o I_o = \frac{U_{om}}{\sqrt{2}} \times \frac{U_{om}}{\sqrt{2}R_L} = \frac{1}{2}\frac{U_{om}^2}{R_L} \tag{6-21}$$

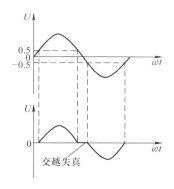

图 6-21　交越失真波形

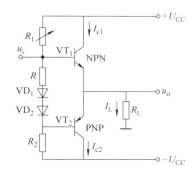

图 6-22　甲乙类 OCL 互补对
称功率放大电路

当输入电压足够大时，晶体管接近饱和，有

$$U_{om} = U_{CC} - U_{CES} \approx U_{CC}$$

可获得最大的输出功率为

$$P_{om} = \frac{1}{2}\frac{U_{om}^2}{R_L} \approx \frac{1}{2}\frac{U_{CC}^2}{R_L} \tag{6-22}$$

（2）直流电源供给的功率　当输出最大功率时，直流电源供给的功率为

$$P_V = U_{CC}\frac{1}{\pi}\int_0^\pi I_{cm}\sin\omega t\mathrm{d}(\omega t) = \frac{2U_{CC}I_{cm}}{\pi} = \frac{2U_{CC}^2}{\pi R_L} \tag{6-23}$$

（3）最大管耗 P_{Tm}　每个晶体管的最大管耗为

$$P_{Tm} = 0.2P_{om} \tag{6-24}$$

（4）效率 η

$$\eta = \frac{P_o}{P_V} = \frac{\pi}{4}\frac{U_{om}}{U_{CC}} \tag{6-25}$$

当 $U_{om} \approx U_{CC}$ 时，$\eta = \frac{P_o}{P_V} = \frac{\pi}{4} \approx 78.5\%$。

（5）功放晶体管的选择条件　晶体管的极限参数有 P_{CM}、I_{CM}、$U_{(BR)CEO}$，选择晶体管时应满足下列条件：

1）功放晶体管集电极的最大允许管耗 $P_{CM} \geq P_{Tm} = 0.2P_{om}$。

2）功放晶体管的最大耐压 $|U_{(BR)CEO}| \geq 2U_{CC}$。

3）功放晶体管的最大集电极电流 $I_{CM} \geq \dfrac{U_{CC}}{R_L}$。

例 6-5　电路如图 6-20 所示，设 $U_{CC} = \pm 12V$，$R_L = 8\Omega$，晶体管的极限参数为 $I_{CM} = 2A$，$|U_{(BR)CEO}| = 30V$，$P_{CM} = 5W$。试求：（1）最大输出功率 P_{om}，并检验所给晶体管是否能安全工作。（2）放大电路在 $\eta = 0.6$ 时的输出功率 P_o 值。

解：（1）　$P_{om} = \frac{1}{2}\frac{U_{CC}^2}{R_L} = \frac{(12V)^2}{2\times 8\Omega} = 9W$

通过晶体管的最大集电极电流 I_{CM}，晶体管 c、e 极间的最大压降 U_{CEm} 和它的最大管耗 P_{Tm} 分别为

$$I_{Cm} = \frac{U_{CC}}{R_L} = \frac{12V}{8\Omega} = 1.5A$$

$$U_{CEm} = 2U_{CC} = 24V$$

$$P_{Tm} = 0.2P_{om} = 0.2 \times 9W = 1.8W$$

所求 I_{Cm}、U_{CEm} 和 P_{Tm} 均分别小于所给极限参数，晶体管能安全工作。

（2）求 $\eta = 0.6$ 时的 P_o 值：

$$U_{om} = \eta 4 \frac{U_{CC}}{\pi} = \frac{0.6 \times 4 \times 12V}{\pi} = 9.2V$$

$$P_o = \frac{1}{2} \frac{U_{om}^2}{R_L} = \frac{1}{2} \times \frac{(9.2V)^2}{8\Omega} = 5.3W$$

6.6.3　OTL 互补对称功率放大电路

OCL 互补对称功率放大电路中需要正、负两个电源。在实际应用中，通常希望采用单电源供电。采用一个电源的互补对称功率放大电路称为 OTL（无输出变压器）电路。图 6-23 所示为甲乙类 OTL 互补对称功率放大电路。

在图 6-23 中，VT_2、VT_3 两管的发射极通过一个大电容 C 接到负载上。静态时 VT_2、VT_3 两管的发射极电压为电源电压的一半，则电容 C 两端直流电压为 $U_{CC}/2$。有输入信号时，在正半周 VT_2 导通、VT_3 截止，电流经电容 C 流向负载，并对电容充电充至 $U_{CC}/2$；在负半周 VT_3 导通、VT_2 截止，已充电的电容 C 起到 $-U_{CC}$ 电源的作用，通过 VT_3 向负载放电。只要选择时间常数 $R_L C$ 足够大，电容 C 上的电压就可维持 $U_{CC}/2$ 不变，其等效电路如图 6-24 所示。可见 OTL 功率放大的原理与 OCL 相同。因此，在估算功率参数时，可采用与 OCL 电路同样的公式进行估算，只需将其中的 U_{CC} 全部改为 $U_{CC}/2$ 即可。

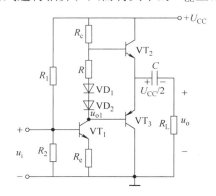

图 6-23　甲乙类 OTL
互补对称功率放大电路

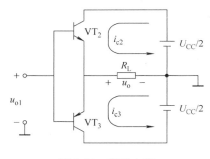

图 6-24　等效电路

6.7　放大电路中的负反馈

6.7.1　反馈的基本概念

将放大电路输出端信号（电压或电流）的一部分或全部引回到输入端，与输入信号叠加，称为反馈。反馈放大电路的构成如图 6-25 所示。

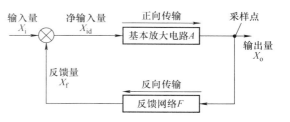

图 6-25 反馈放大电路的构成

6.7.2 反馈的分类和类型判断

1. 反馈的分类

（1）正反馈与负反馈 若引回的信号削弱了输入信号，使净输入量减小，称为负反馈。若引回的信号增强了输入信号，使净输入量增加，称为正反馈。在放大电路中一般都采用负反馈。

（2）直流反馈与交流反馈 如果反馈信号中只有直流成分，即反馈只能反映直流量的变化，称为直流反馈；如果反馈信号中只有交流成分，即反馈只能反映交流量的变化，称为交流反馈。反馈信号中既有直流成分，又有交流成分，这种反馈称为交直流反馈。

（3）电压反馈与电流反馈 如果反馈信号取自输出电压，与输出电压成正比，称为电压反馈。如果反馈信号取自输出电流，与输出电流成正比，称为电流反馈。

（4）串联反馈与并联反馈 如果反馈信号在放大电路的输入回路以电压的形式出现，即反馈信号与外加输入信号是串联关系，称为串联反馈。如果反馈信号在放大电路的输入回路以电流形式出现，即反馈信号与外加输入信号是并联关系，称为并联反馈。

2. 反馈类型的判断

判断放大电路中的反馈类型可按如下步骤进行：

1）找到反馈支路，即确定反馈支路在放大电路输入、输出回路的连接点。

2）判断是电压反馈还是电流反馈。一般情况下，如果反馈支路与输出回路的连接点接在输出端，即反馈支路在输出回路的连接点与输出电压在相同端点，为电压反馈，否则为电流反馈。

3）判断是串联反馈还是并联反馈。如果反馈支路与外加输入信号接在输入回路同一端点上，为并联反馈，否则为串联反馈。

4）判断正反馈和负反馈。通常采用瞬时极性法来判别实际电路反馈极性的正、负。先假定输入信号在某一瞬时的极性，然后由各级输入、输出的相位关系（对于工作在放大区的晶体管，其基极与发射极的相位相同，基极与集电极的相位相反；而对于工作在线性区的集成运算放大器，反相输入端与输出端的相位相反，同相输入端与输出端的相位相同），逐级推出电路其他有关各点的瞬时极性，反馈支路两个端点的极性相同。

对于串联反馈，输入信号与反馈信号极性相同为负反馈，极性相反为正反馈。对于并联反馈，输入信号与反馈信号极性相同为正反馈，极性相反为负反馈。

例 6-6 判断图 6-26 所示电路的反馈类型。

解： 图 6-26a 中的 R_f 电阻为两级之间的反馈支路。假设输入信号 u_i 某一瞬时极性为 + ，根据瞬时极性法可知，引回到输入回路的反馈信号 u_f 极性为 + 。反馈支路在输出回路的连接点与输出电压在相同端点，为电压反馈。反馈支路在输入回路的连接点与外加输入信号接在不同点，为串联反馈。输入信号与反馈信号极性相同为负反馈。因此图 6-26a 所示电路的反馈类型为电压串联负反馈。

图 6-26b 中 R_f 电阻为反馈支路。假设输入信号 u_i 某一瞬时极性为 + ，根据瞬时极性法

可知，引回到输入回路的反馈信号极性为 - 。反馈支路在输出回路的连接点与输出电压在相同端点，为电压反馈。反馈支路在输入回路的连接点与外加输入信号接在相同点，为并联反馈。输入信号与反馈信号极性相反为负反馈。因此图 6-26b 所示电路的反馈类型为电压并联负反馈。

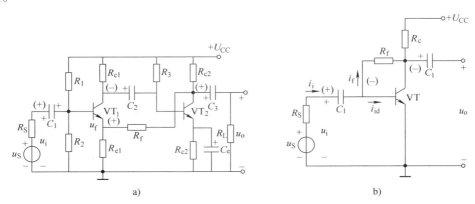

图 6-26　例 6-6 图

6.7.3　负反馈对放大电路性能的影响

1. 降低放大倍数

负反馈使净输入减小，输出电压下降，所以必然使放大倍数降低。

2. 提高放大倍数的稳定性

经计算，加入负反馈后，放大电路放大倍数的稳定性将提高到 $1 + AF$ 倍。这一点对于放大电路来说是很重要的。

3. 减小非线性失真

放大电路由于工作点设置不合适，进行放大时会产生非线性失真。引入负反馈可以减小非线性失真。假设放大电路的输入信号为正弦信号，没有引入负反馈时，开环基本放大电路（无反馈）产生图 6-27a 所示的非线性失真，即输出信号的正半周幅度大，而负半周幅度小。

引入负反馈后，反馈回的信号与输出信号的波形一样正半周大，负半周小。反馈信号在输入端与输入信号相比较，使净输入信号 $X_{id} = X_i - X_f$ 的波形正半周幅度变小，而负半周幅度变大，如图 6-27b 所示。经基本放大电路放大后，输出信号趋于正、负半周对称，从而减小了非线性失真。

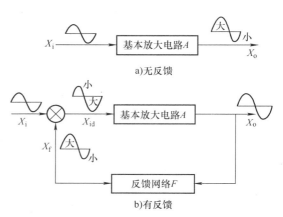

图 6-27　利用负反馈减小非线性失真

4. 扩展频带

引入负反馈后，可使放大电路的通频带扩展到 $1 + AF$ 倍。

5. 改变输入和输出电阻

（1）负反馈对放大电路输入电阻的影响　串联负反馈使放大电路的输入电阻增大，并联负反馈使输入电阻减小。

（2）负反馈对放大电路输出电阻的影响　电压负反馈使放大电路的输出电阻减小，电流负反馈使输出电阻增大。

6.8　放大电路的检测

如果放大电路对输入的交流信号失去放大了能力，那么如何查找故障点及损坏的元器件呢？不外乎有两个故障原因：一是直流偏置电路有故障，直流供电存在问题，致使静态工作点不合适；二是交流通路不通，输入信号无法加在晶体管的发射结上，或是放大后的信号输送不出去。因此，确认晶体管静态工作点是否正常，输入和输出的交流通路是否顺畅，对检测者显得尤为重要。下面介绍晶体管静态工作点存在的故障及排除方法，以及交流通路中可能存在的问题及解决的方法。

1. 电路静态工作点的检测

图 6-28 所示的分压式偏置电路为电子设备中经常采用的典型放大电路，晶体管静态工作点的数值一般由该设备的生产厂家给出，并在电路图中标明。电路图上提供的数据一般也有两种形式：晶体管的集电极工作电流 I_C 或晶体管各个管脚的电位，如 V_B、V_C 或 V_E。若用万用表测量某管脚的电位值，需先参考电源电压 U_{CC} 的值，再选择合适的电压挡。例如 $U_{CC} = 6V$，应选择 10V 的直流电压挡。万用表的黑表笔接参考点，用红表笔接在晶体管的集电极 c 测出电位值 V_C，同样可以测出基极电位 V_B 和发射极电位值 V_E。若测得的电位值与图样中的值

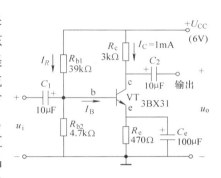

图 6-28　分压式偏置电路

相等或相近（允许 10% 的误差），说明放大电路正常，具备放大信号的能力；反之，为不正常。

在实践中，静态工作点可用 I_C、V_B、V_C 和 V_E 来表示，它们是相关的。根据给定电路元器件的参数，就可估算出其他值。在图 6-28 中，晶体管 3BX31 为锗管，故取 $U_{BE} = 0.2V$。若给出集电极电流值 $I_C = 1mA$，则可估算出：

$$V_C = U_{CC} - I_C R_c = 6V - 1 \times 10^{-3}A \times 3 \times 10^3 \Omega = 3V$$

$$V_E = I_E R_e = 1 \times 10^{-3}A \times 470\Omega = 0.47V (I_C \approx I_E)$$

$$V_B = V_E + U_{BE} = 0.47V + 0.2V = 0.67V$$

2. 故障检测方法

若图 6-28 所示电路给出 $I_C = 1mA$，根据晶体管电流分配关系及欧姆定律，可推算出正常情况下的发射极电位值 V_E 为 0.47V。但出现故障时，一般 V_E 有两种可能：$V_E \approx 0$ 或 $V_E = 0.8V$，这正是由于元器件的损坏造成的极端值，致使放大电路的直流状态不正常。

（1）V_E 的实际测量值约等于 0 的情况

1）首先切断电源电压 U_{CC}，用万用表电阻挡测量发射极对参考点地的阻值。若测得的

阻值约为 0，则说明是射极旁路电容 C_e 已击穿，造成发射极 e 对地短路，需更换旁路电容。

2）若测得发射极对地的电阻等于 R_e 的阻值，且 $V_E = 0$，则说明发射极电流 $I_E = 0$。从晶体管的角度分析，可能是晶体管内部有断路性损坏。从晶体管外部电路分析，则是偏置电路不正常，没有给晶体管提供发射结正偏、集电结反偏的工作条件，导致晶体管处于截止状态，失去放大作用，应进一步检查外围电路。

3）外围电路的检测，以测量集电极电位 V_C 最为方便。若 $V_C = 0$，则说明集电极负载电阻 R_c 有问题，考虑 R_c 是否已经断路或虚焊。若 V_C 约等于电源电压，这时应考虑晶体管的基极电位 V_B 是否正常。

4）若基极电位 $V_B = 0$，可以断定，故障是上偏置电阻 R_{b1} 开路，或是下偏置电阻 R_{b2} 短路，使晶体管处于截止状态。若测得 V_B 约等于 0.67V，则说明偏置电路已向晶体管提供了放大条件，而静态工作点不正常，显然是晶体管自身问题，需更换一只性能良好的晶体管。

（2）V_E 的实际测量值约等于 0.8V 的情况

1）根据 $V_E = 0.8V$，可由 $I_E = V_E / R_e = 0.8V / 470k\Omega = 1.7mA$，推断出晶体管饱和导通，集电极和发射极间电压降 $U_{CE} = 0$，晶体管 c、e 间短路，因此，故障可能来自晶体管本身。

2）从晶体管外围偏置电路分析，可能是提供给晶体管发射结的正向偏压太大，基极电流 I_B 太大而引起晶体管饱和，这时应测量基极电位 V_B 是否偏高。

3）若测得的基极电位 V_B 值大于正常值，则应考虑基极下偏置电阻 R_{b2} 是否开路或上偏置电阻 R_{b1} 是否短路，有无阻值变化的情况，导致基极电流过大，使晶体管饱和。

（3）V_E 的实测值接近正常值 当 V_E 的实测值接近正常值时，还不能足以判断电路的静态工作点是否正常。因为在电阻 R_e 断路时，晶体管的发射结无正偏电压，晶体管不工作。但用万用表测量 V_E 时，万用表本身的电阻并入了电路，如图 6-29 所示，会导致发射结微导通，使万用表的读数 $V_E = V_B - U_{BE} \approx V_B$，接近正常值，常使检测者误认为偏置正常。发现 $V_E = V_B$，应进一步测量 U_{BE}，若 $U_{BE} = 0$，则故障为 R_e 开路。

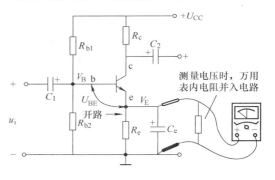

图 6-29　R_e 开路测 V_E 时应注意的问题

上述检测过程说明，测量放大电路的静态工作点，只要测量 V_B、V_C 或 V_E 中的任一电位值，就能反映出晶体管的工作状态是否正常。为慎重起见，通常要测量晶体管每一管脚的电位值，并比较实际测量的电位值与计算值差别的大小，来确定故障元器件的所在。图 6-28 所示电路中晶体管外围 4 个偏置电阻中任一电阻的性能不良，晶体管自身的质量问题，电容的漏电或击穿，都会造成晶体管的直流状态失常。总之，故障的形式是多种多样的，检测者要依据电压变化的规律，寻找故障点，确定故障元器件，进行排除，以提高检测水平。

如果放大电路直流状态正常，而对交流信号失去放大能力，显然是耦合电容有问题。电容 C_1 是将输入的交流信号耦合到晶体管的基极，电容 C_2 是将放大后的信号耦合输出，传递到负载。若这两个电容失效、漏电或击穿，既中断了交流信号的传递，也会影响到电路的静态工作点，应予更换。

本 章 小 结

1. 放大电路的静态分析就是求解放大电路的静态工作点，可以利用放大电路的直流通路确定电路中的静态值 I_{BQ}、I_{CQ} 和 U_{CEQ}。

2. 放大电路的动态分析就是利用放大电路的微变等效电路确定电路的电压放大倍数、输入电阻、输出电阻。

3. 静态工作点设置不合适，会造成非线性失真。静态工作点设置过高，容易产生输出电压被削底的饱和失真；静态工作点设置过低，容易产生输出电压削顶的截止失真。

4. 射极输出器电压放大倍数小于 1，但近似等于 1，无电压放大作用，但仍具有电流放大的作用。利用射极输出器输入电阻高、输出电阻小的特点，用它作为输入级和输出级。

5. 多级放大电路的耦合方式有直接耦合、阻容耦合和变压器耦合三种。多级放大电路的电压放大倍数等于各级电压放大倍数之积。

6. 常用的功率放大电路有 OCL 互补对称功率放大电路和 OTL 互补对称功率放大电路。

7. 放大电路中人为引入的反馈都是负反馈，引入负反馈后，放大电路的许多性能得到了改善，如提高了放大倍数的稳定性，减小了非线性失真，展宽了频带以及改变了电路的输入、输出电阻等。

思考与习题

6-1　在甲类、乙类和甲乙类三种放大电路中，哪一类放大电路效率最高？

6-2　什么是负反馈？负反馈对放大电路有什么影响？

6-3　在图 6-30a 所示放大电路中，若输入信号电压波形如图 6-30b 所示，试问：（1）图 6-30c 所示的输出电压发生了何种失真？（2）应如何调整来消除失真？

6-4　在图 6-31 所示电路中，晶体管的 $\beta = 50$，试求：（1）静态工作点 Q。若换上一只 $\beta = 100$ 的晶体管，电路能否工作在放大状态？（2）电压放大倍数、输入电阻和输出电阻。

6-5　在图 6-32 所示电路中，设 $\beta = 50$，$r_{be} = 0.45\text{k}\Omega$，试求：（1）静态工作点 Q。（2）输入、输出电阻。（3）电压放大倍数。

6-6　判断图 6-33 所示电路中反馈的类型。

6-7　在乙类 OCL 互补对称功率放大电路中，电源电压 $U_{CC} = 20\text{V}$，负载 $R_L = 8\Omega$，试计算：

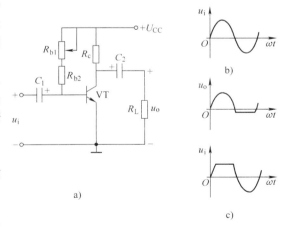

图 6-30　题 6-3 电路与波形

（1）在输入信号 $u_i = 10\text{V}$（有效值）时，电路的输出功率、管耗、直流电源供给的功率和效率。

（2）当输入信号 u_i 的幅值为 $U_{im} = U_{CC} = 20\text{V}$ 时，电路的输出功率、管耗、直流电源供给的功率和效率。

6-8　在乙类 OTL 互补对称功率放大电路中，设 u_i 为正弦波，$R_L = 8\Omega$，晶体管的饱和压降 U_{CES} 可忽略不计。试求最大不失真输出功率 P_{om}（不考虑交越失真）为 9W 时，电源电压 U_{CC} 至少应为多大？

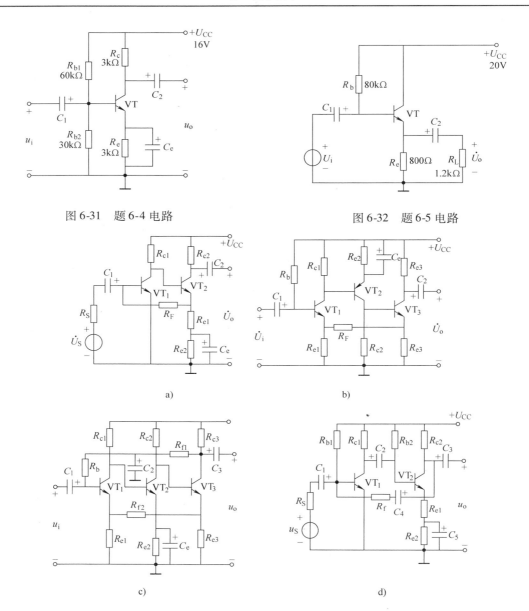

图 6-31　题 6-4 电路　　　　　　　　　　图 6-32　题 6-5 电路

a)　　　　　　　　　　　　　　　b)

c)　　　　　　　　　　　　　　　d)

图 6-33　题 6-6 电路

第7章 集成运算放大器

> **内容提要:** 本章介绍了集成运算放大器的基本组成,集成运算放大器的主要性能指标及保护,理想集成运算放大器的概念及特点,集成运算放大器的线性应用和非线性应用电路。

7.1 集成运算放大器的基础知识

7.1.1 集成运算放大器概述

集成电路是20世纪60年代发展起来的一种新型电子器件,它采用半导体制造工艺,将放大器件和电阻等元器件以及电路的连线都集中制作在一块半导体硅基片上,称为集成电路。集成电路分为模拟集成电路和数字集成电路两大类。模拟集成电路主要有集成运算放大器、集成功率放大器和集成稳压器等。集成运算放大器(简称集成运放)是发展最早、应用广泛的模拟集成电路。由于它最初是用于运算和放大,所以称为集成运算放大器。随着电子技术的飞速发展,集成运算放大器的各项性能不断提高,应用领域日益扩大,在信号变换、测量技术、自动控制等领域中,集成运算放大器已成为模拟电子技术的核心器件。

集成运算放大器是一种高电压增益、高输入电阻和低输出电阻的多级直接耦合放大电路。集成运算放大器种类繁多,性能各异,内部电路各不相同,但电路的基本结构大致相同。集成运算放大器内部组成框图如图7-1所示,集成运算放大器一般由差分输入级、电压放大级、输出级与偏置电路四部分组成。

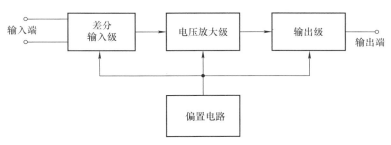

图7-1 集成运算放大器内部组成框图

1)差分输入级:由晶体管或场效应晶体管构成的差分放大电路组成。作用是提高输入电阻,提高整个电路的共模抑制比,它的两个输入端就成为集成电路的反相输入端和同相输入端。

2)电压放大级:由带有恒流源负载的多级放大电路组成,作用是获得足够高的电压增益。

3）输出级：由互补电压跟随器组成，以降低输出电阻，提高带负载能力。

4）偏置电路：为各级提供合适的静态工作电流，由各种电流源电路组成。

图 7-2 为集成运算放大器常见的三种外形封装，即双列直插式、扁平式和圆壳式。

a）双列直插式　　　　　b）扁平式　　　　　c）圆壳式

图 7-2　集成运算放大器常见的外形封装

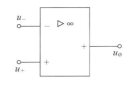

集成运算放大器的符号如图 7-3 所示。它有两个输入端：一个为同相输入端，另一个为反相输入端，在符号图中分别用"＋"、"－"表示。它有一个输出端。所谓同相输入端，是指将反相输入端接地，输入信号加到同相输入端与地之间时，输出信号与输入信号的相位始终相同。所谓反相输入端，是指将同相输入端接地，输入信号加到反相输入端与地之间时，输出信号与输入信号的相位始终相反。

图 7-3　集成运算放大器

7.1.2　集成运算放大器的主要性能指标

为了描述集成运算放大器的性能，提出了许多项技术指标，现将主要性能指标介绍如下：

1. 开环差模电压增益 A_{od}

A_{od} 是集成运算放大器在开环（无外加反馈）时，输出电压与输入差模信号电压之比，常用分贝（dB）表示。这个值越大越好，性能较好的集成运算放大器的 A_{od} 可达 140dB 以上。

2. 输入失调电压 U_{IO} 及其温漂 dU_{IO}/dT

一个理想的集成运算放大器，当输入电压为零时，输出电压也应为零。但实际上当输入电压为零时，输出电压并不为零，输入端外加一个适当的补偿电压使输出电压为零，则外加的这个补偿电压称之为输入失调电压 U_{IO}。U_{IO} 的值越小越好，高质量的集成运算放大器可达 1mV 以下。

输入失调电压 U_{IO} 是随温度、电源电压或时间而变化的，通常将输入失调电压对温度的平均变化率称为输入失调电压温漂，用 $\dfrac{dU_{IO}}{dT}$ 表示。显然，这项指标值越小越好。U_{IO} 可以通过调零电位器进行补偿，但不能使 $\dfrac{dU_{IO}}{dT}$ 为零。

3. 输入失调电流 I_{IO} 及其温漂 dI_{IO}/dT

I_{IO} 是指当输出电压为零时，放大器两个输入端的静态基极电流之差，I_{IO} 的值越小越好，一般为几十至几百纳安，高质量的集成运算放大器低于 1nA。

输入失调电流温漂 $\dfrac{dI_{IO}}{dT}$ 是指 I_{IO} 随温度变化的平均变化率，单位为 nA/℃。高质量的集成运算放大器输入失调电流温漂只有每摄氏度几十皮安。

4. 差模输入电阻 r_{id}

r_{id} 是集成运算放大器两个输入端之间的动态电阻，一般集成运算放大器的差模输入电阻为几兆欧。它的定义是差模输入电压 U_{Id} 与相应的输入电流 I_{Id} 的变化量之比，即

$$r_{id} = \frac{\Delta U_{Id}}{\Delta I_{Id}}$$

5. 共模抑制比 K_{CMR}

K_{CMR} 是开环差模电压放大倍数与开环共模电压放大倍数之比，一般用对数表示，即

$$K_{CMR} = 20\lg \left| \frac{A_{od}}{A_{oc}} \right|$$

这个指标用以衡量集成运算放大器抑制温漂的能力。多数集成运算放大器的共模抑制比在 80dB 以上，高质量的可达 160dB 以上。

6. 最大共模输入电压 U_{Icm}

U_{Icm} 表示集成运算放大器输入端所能承受的最大共模输入电压。如超过此值，它的共模抑制性能将显著恶化。

7. 最大差模输入电压 U_{Idm}

这是集成运算放大器两个输入端之间所能承受的最大电压值。若超过此电压值，运算放大器的性能显著恶化，甚至可能造成永久性损坏。

除上述介绍的几项主要技术指标外，还有很多项其他指标，如最大输出电压、静态功耗、输出电阻及转换速率等，这里不再具体介绍。

7.1.3　集成运算放大器的保护

集成运算放大器在使用过程中，由于电源极性接反、电源电压突变、输入信号电压过大、输出端负载短路、过载等，都能引起集成运算放大器损坏。因此，必须在电路中加保护措施。

1. 输入保护

当集成运算放大器的差模或共模输入信号电压过大时，可能使集成运算放大器的技术指标恶化，使集成运算放大器发生"堵塞"现象，电路不能正常工作。输入保护如图 7-4 所示。图 7-4a 是反相输入保护，限制集成运算放大器两个输入端之间的差模信号电压不超过二极管 VD_1、VD_2 的正向导通电压。图 7-4b 是同相输入保护，限制集成运算放大器的共模输入电压不超过 $+U_{CC}$ 至 $-U_{CC}$ 的范围。

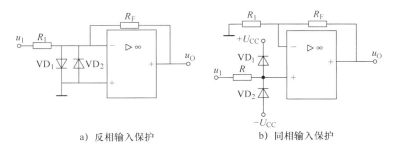

　　　a) 反相输入保护　　　　　　　　b) 同相输入保护

图 7-4　输入保护

2. 电源极性错接保护

图 7-5 所示为防止正、负电源极性错接的保护电路。若电源极性接错，则二极管 VD_1、VD_2 截止，电源被断开，从而保护了集成运算放大器。

3. 输出保护

为防止输出端触及外部高电压引起过电流或过电压，可在输出端采用稳压管进行限幅保护。集成运算放大器输出保护如图 7-6 所示。

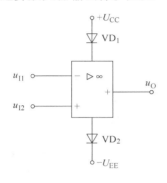

图 7-5　电源极性错接保护

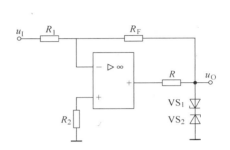

图 7-6　集成运算放大器输出保护

7.2　理想集成运算放大器

在分析集成运算放大器组成的各种应用电路时，常常将集成运算放大器看成是一个理想集成运算放大器。所谓理想集成运算放大器就是将集成运算放大器的各项技术指标理想化，以便给分析应用电路带来方便。

7.2.1　理想集成运算放大器的技术指标

理想集成运算放大器满足以下各项技术指标：

1）开环差模电压放大倍数 $A_{od} = \infty$。

2）差模输入电阻 $r_{id} = \infty$。

3）输出电阻 $r_o = 0$。

4）共模抑制比 $K_{CMR} = \infty$。

5）输入失调电压、失调电流以及它们的温漂均为零。

6）带宽 $f_H = \infty$。

随着集成运算放大器工艺水平的不断改进，集成运算放大器产品的各项性能指标越来越好。实际集成运算放大器的各项技术指标与理想集成运算放大器的指标非常接近，因此，在分析估算集成运算放大器的应用电路时，按理想集成运算放大器进行分析和估算，在工程上是允许的。

在以后章节的分析中，若无特别说明，均将集成运算放大器作为理想集成运算放大器来考虑。

7.2.2　集成运算放大器的工作区

集成运算放大器的工作区有两种：线性区和非线性区。

1. 集成运算放大器工作在线性区时的重要特点

要使集成运算放大器工作在线性区，必须引入深度负反馈（即反相输入端与输出端之间有通路）。当工作在线性区时，集成运算放大器的输出电压与其两个输入端的电压之间存在着线性放大关系，即

$$u_O = A_{od}(u_+ - u_-) \tag{7-1}$$

式中，u_O 是集成运算放大器的输出电压；u_+ 和 u_- 分别是同相输入端电压和反相输入端电压；A_{od} 是开环差模电压放大倍数。

集成运算放大器工作在线性区时有以下两个重要特点：

（1）集成运算放大器的差模输入电压等于零　工作在线性区的集成运算放大器输出、输入之间符合式（7-1）的关系。由于理想集成运算放大器的 $A_{od} = \infty$，所以

$$u_+ = u_- \tag{7-2}$$

集成运算放大器同相输入端与反相输入端两点的电压相等，如同将这两点短路一样。但是该两点实际上并未真正短路，所以将这种现象称为"虚短"。

（2）集成运算放大器的输入电流等于零　由于集成运算放大器的差模输入电阻 $r_{id} = \infty$，因此在图 7-7 中，可认为流入集成运算放大器两个输入端的电流均为零，即

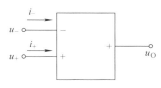

图 7-7　集成运算放大器的电压和电流

$$i_+ = i_- = 0 \tag{7-3}$$

集成运算放大器的同相输入端和反相输入端的电流都等于零，如同该两点被断开一样，这种现象称为"虚断"。

"虚短"和"虚断"是运算放大器工作在线性区时的两点重要结论，必须牢牢掌握。

2. 集成运算放大器工作在非线性区的特点

如果集成运算放大器处于开环状态或集成运算放大器的同相输入端与输出端有通路时（称为正反馈），集成运算放大器工作在非线性区，输出电压达到饱和不再随着输入电压线性变化。集成运算放大器的传输特性如图 7-8 所示。

集成运算放大器工作在非线性区时，也有以下两个重要的特点：

1）集成运算放大器的输出电压 u_O 的值只有两种可能：

当 $u_+ > u_-$ 时，$u_O = +U_{Om}$。

当 $u_+ < u_-$ 时，$u_O = -U_{Om}$。

2）集成运算放大器的输入电流等于零。在非线性区，集成运算放大器的输入电流等于零，即 $i_+ = i_- = 0$。可见，"虚断"在非线性区仍然成立。

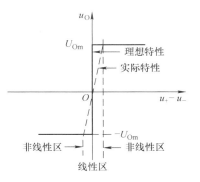

图 7-8　集成运算放大器的传输特性

7.3 集成运算放大器的线性应用

7.3.1 比例运算电路

1. 反相比例运算电路

反相比例运算电路如图 7-9 所示，输入信号 u_1 经电阻 R_1 加到集成运算放大器的反相输入端，同相输入端经电阻 R_2 接地，反馈支路由 R_F 构成，将输出电压 u_O 反馈至反相输入端，它是一个具有深度电压并联负反馈的放大电路。因此，集成运算放大器工作在线性区。可以利用集成运算放大器工作在线性区时"虚断"和"虚短"的特点来分析反相比例运算电路的电压放大倍数。

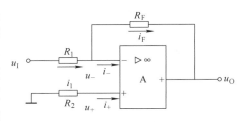

图 7-9 反相比例运算电路

由于"虚断"，故 $i_+ = 0$，R_2 上没有压降，即 $u_+ = 0$。又因"虚短"，可得

$$u_- = u_+ = 0$$

在反相比例运算电路中，集成运算放大器的反相输入端与同相输入端两点的电位相等，且均等于零，如同该两点接地一样，这种现象称为"虚地"。"虚地"是反相比例运算电路的一个重要特点。

由于 $i_- = 0$，则

$$i_1 = i_F$$

即

$$\frac{u_1 - u_-}{R_1} = \frac{u_- - u_O}{R_F}$$

$u_- = 0$，由此可求得反相比例运算电路的电压放大倍数为

$$A_{uf} = \frac{u_O}{u_1} = -\frac{R_F}{R_1} \tag{7-4}$$

式(7-4)说明，反相比例运算电路的输出电压与输入电压之间成比例关系，比例系数（即电压放大倍数）仅决定于反馈网络的电阻 R_F 和 R_1 之比，而与集成运算放大器本身的参数无关。放大倍数表达式中的负号表示输出电压与输入电压反相。当选取 $R_F = R_1$ 时，输出电压与输入电压大小相等，相位相反，这种电路称为反相器。

集成运算放大器同相输入端的外接电阻 R_2 称为平衡电阻，作用是使集成运算放大器两个输入端静态参数对称。通常选择的阻值为 $R_2 = R_1 /\!/ R_F$。

例 7-1 在图 7-9 中，已知 $R_1 = 10\text{k}\Omega$，$R_F = 500\text{k}\Omega$。求电压放大倍数 A_{uf} 和平衡电阻 R_2。

解：

$$A_{uf} = -\frac{R_F}{R_1} = \frac{-500\text{k}\Omega}{10\text{k}\Omega} = -50$$

$$R_2 = R_1 /\!/ R_F = 9.8\text{k}\Omega$$

2. 同相比例运算电路

同相比例运算电路如图 7-10 所示。电路中的反馈为电压串联负反馈，同样可以利用运算放大器工作在线性区的两个特点来分析其电压放大倍数。

根据"虚断"和"虚短"的特点可知

$$u_- = \frac{R_1}{R_1 + R_F} u_O$$

$$u_- = u_+ = u_1$$

则同相比例运算电路的电压放大倍为

$$A_{uf} = \frac{u_O}{u_1} = 1 + \frac{R_F}{R_1} \tag{7-5}$$

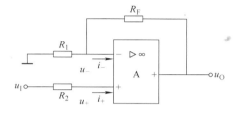 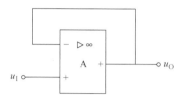

图 7-10　同相比例运算电路　　　　　　　　图 7-11　电压跟随器

当 $R_F = 0$、$R_1 = \infty$ 时，电路如图 7-11 所示。此时 $u_O = u_1$，输出电压与输入电压相等且相位同相，二者之间是一种"跟随"关系，所以又称为电压跟随器。

7.3.2　加法运算电路

图 7-12 所示为反相加法运算电路。为了使集成运算放大器工作在线性区，引入了深度电压并联负反馈。为了保证集成运算放大器两个输入端对地的电阻平衡，同相输入端电阻 R' 的阻值应为 $R' = R_1 /\!/ R_2 /\!/ R_3 /\!/ R_F$。

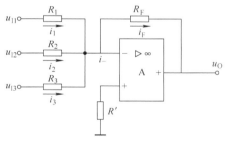

由于"虚断"，$i_- = 0$，因此

$$i_1 + i_2 + i_3 = i_F$$

集成运算放大器的反相输入端"虚地"，故

$$\frac{u_{I1}}{R_1} + \frac{u_{I2}}{R_2} + \frac{u_{I3}}{R_3} = -\frac{u_O}{R_F}$$

输出电压为

图 7-12　反相加法运算电路

$$u_O = -\left(\frac{R_F}{R_1} u_{I1} + \frac{R_F}{R_2} u_{I2} + \frac{R_F}{R_3} u_{I3} \right) \tag{7-6}$$

式中，输出电压 u_O 反映了输入电压 u_{I1}、u_{I2} 和 u_{I3} 相加的结果。如果电路中电阻的阻值满足关系 $R_1 = R_2 = R_3 = R$，则上式为

$$u_O = -\frac{R_F}{R} (u_{I1} + u_{I2} + u_{I3})$$

7.3.3　减法运算电路

减法运算电路如图 7-13 所示，输入电压 u_{I1} 和 u_{I2} 分别加在集成运算放大器的反相输入端和同相输入端，通过电阻 R_F 引入负反馈，使集成运算放大器工作在线性区。为了保证集成运算放大器两个输入端对地的电阻平衡，同时为了避免降低共模抑制比，通常要求

$$R_1 = R_2$$
$$R_F = R_3$$

由于"虚断"可得

$$\frac{u_{I1} - u_-}{R_1} = \frac{u_- - u_O}{R_F}$$

可推出反相输入端的电位为

$$u_- = \frac{R_F}{R_1 + R_F}u_{I1} + \frac{R_1}{R_1 + R_F}u_O$$

同相输入端的电位为

$$u_+ = \frac{R_3}{R_2 + R_3}u_{I2}$$

利用"虚短",即 $u_- = u_+$,得到

$$u_O = -\frac{R_F}{R_1}u_{I1} + \left(1 + \frac{R_F}{R_1}\right)\frac{R_3}{R_2 + R_3}u_{I2}$$

当满足条件 $R_1 = R_2$,$R_F = R_3$ 时,可得

$$u_O = -\frac{R_F}{R_1}(u_{I1} - u_{I2}) \tag{7-7}$$

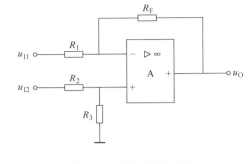

图 7-13　减法运算电路

减法运算电路除了可以进行减法运算以外,还经常被用作测量放大器。它通常用在数据采集、工业自动控制、精密测量以及生物工程等系统中,对各种传感器送来的缓慢变化信号加以放大,然后输出给系统。在图 7-14 所示的测量放大电路中,当温度不变时,电桥四个臂的电阻相等,没有输出信号。当温度变化时热敏电阻(传感元件)阻值改变,破坏了电桥的平衡,于是电桥输出一个小信号电压,由集成运算放大器电路进行放大处理。

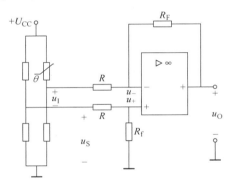

图 7-14　测量放大电路

7.3.4　积分和微分电路

1. 积分电路

积分电路是一种应用比较广泛的模拟信号运算电路,利用其充放电过程可以实现延时、定时以及各种波形的产生等,是控制和测量系统中常用的重要单元。

图 7-15 所示为积分电路,通过电容 C 引回一个深度负反馈,使集成运算放大器工作在线性区。平衡电阻 $R = R_1$。

集成运算放大器反相输入端"虚地",故 $u_O = -u_C$。又由于"虚断",故 $i_I = i_C$,所以 $u_I = i_I R = i_C R$,即输入电压与流过电容的电流成正比。由此可得

$$u_O = -u_C = -\frac{1}{C}\int i_C dt = -\frac{1}{RC}\int u_I dt \tag{7-8}$$

式中,输出电压与输入电压成积分关系。

如果在开始积分之前,电容两端已经存在一个初始电压,则积分电路将有一个初始的输

出电压 $U_0(0)$，此时

$$u_O = -\frac{1}{RC}\int u_1 dt + U_0(0) \tag{7-9}$$

2. 微分电路

微分电路如图 7-16 所示。微分是积分的逆运算。

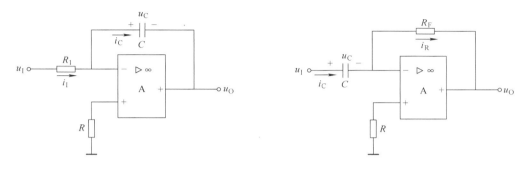

图 7-15　积分电路　　　　　　　　　图 7-16　微分电路

由于"虚断"，故 $i_C = i_R$。又因反相输入端"虚地"，可得

$$u_O = -i_R R_F = -i_C R_F = -R_F C\frac{du_C}{dt} = -R_F C\frac{du_1}{dt} \tag{7-10}$$

可见，输出电压正比于输入电压对时间的微分。

积分、微分电路可用作波形转换，如图 7-17 所示。积分电路可以将输入方波变为三角波输出，微分电路可以将输入方波变换为尖脉冲输出。

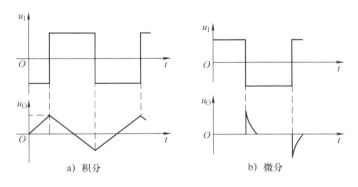

a) 积分　　　　　　　　　　b) 微分

图 7-17　积分、微分运算电路用作波形转换

7.4　集成运算放大器的非线性应用

当集成运算放大器工作在开环状态或外接正反馈时，集成运算放大器就工作在非线性区。其特点是输出电压只有两种状态：正饱和电压 $+U_{0m}$、负饱和电压 $-U_{0m}$。可以利用这一特点构成电压比较器。

电压比较器也是一种常用的模拟信号处理电路。电压比较器的功能是将输入的模拟信号与已知参考电压进行比较，并用输出电压不同的两种状态来表示比较结果，主要用来检测输入信号是否到达某一数值或在某一范围之内。在自动控制及自动测量系统中，通常将电压比较器应用于越限报警、信号大小范围检测以及各种非正弦波形的产生和变换等场合。根据电压比较器的传输特性不同，常用的比较器可分为单限电压比较器、滞回电压比较器以及双限电压比较器等。下面主要介绍单限电压比较器和滞回电压比较器。

7.4.1 单限电压比较器

所谓单限电压比较器是指只有一个门限电平(参考电压)的比较器。如图 7-18a 所示，参考电压 U_{REF} 接在集成运算放大器的同相输入端，被比较电压 u_I 接在反相输入端。也可以将参考电压 U_{REF} 接在集成运算放大器的反相输入端，被比较电压 u_I 接在同相输入端。

在图 7-18a 中，当 $u_I < U_{REF}$ 时，集成运算放大器输出达到正饱和值 $+U_{Om}$；$u_I > U_{REF}$ 时，集成运算放大器输出端的状态发生跳变，输出达到负饱和值 $-U_{Om}$。电路的电压传输特性如图 7-18b 所示。

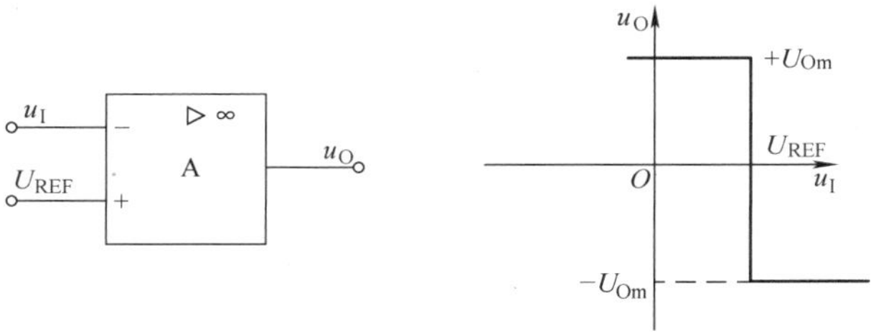

单限电压比较器可用于检测输入的模拟信号是否达到某"给定的电压值"，即参考电压值。当输入电压到达

图 7-18 单限电压比较器

a) 电路图   b) 电压传输特性

此参考电压值时，输出端的状态立即发生跳变。比较器输出电压由一种状态跳变为另一种状态时，所对应的输入电压通常称为阈值电压或门限电压，用 U_{TH} 表示。图 7-18a 所示电路的阈值电压 $U_{TH} = U_{REF}$。

若 $U_{REF} = 0$，即集成运算放大器同相输入端接地，如图 7-19a 所示，则比较器的阈值电压 $U_{TH} = 0$，这种单限电压比较器称为过零比较器。过零比较器的电压传输特性如图 7-19b 所示。利用过零比较器可以方便地将正弦波变为方波，波形转换如图 7-19c 所示。由图可见电压比较器的输入信号是连续变化的模拟量，而输出信号是只有两种状态的数字量，因此，可以利用过零比较器实现模拟信号和数字信号的转换。

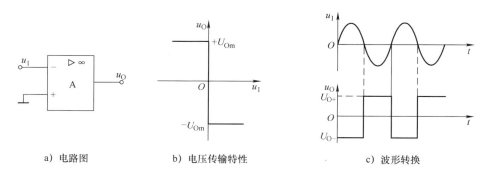

a) 电路图   b) 电压传输特性   c) 波形转换

图 7-19 过零比较器及应用

7.4.2 滞回电压比较器

单限电压比较器具有电路简单、灵敏度高等优点，但存的主要问题是抗干扰能力差。如

果输入电压受到干扰或噪声的影响在门限电压上下波动，则输出电压将在高、低两个电平之间反复地跳变，如图 7-20 所示。如果在控制系统中发生这种情况，将对执行机构产生不利的影响。

为了克服单限比较器抗干扰能力差的缺陷，可以采用具有滞回特性的比较器。滞回电压比较器又称为施密特触发器，其电路如图 7-21a 所示。滞回电压比较器的输出电压 u_O 经反馈电阻 R_F 引回到同相输入端，从而构成了正反馈，使集成运算放大器工作在非线性区。参考电压 U_{REF} 经电阻 R_2 接在同相输入端，同相输入端的电位由输出电压 u_O 与参考电压 U_{REF} 共同决定。被比较电压 u_I 接在集成运算放大器的反相输入端，输出端具有双向限幅措施。

滞回电压比较器的特点是当输入信号 u_I 由小变大或由大变小时，门限电压不同。主要原因就在于同相输入端电位是由参考电压 U_{REF} 和输出电压 u_O 共同决定的。而输出电压有两种可能的状态，即 $+U_Z$ 和 $-U_Z$。滞回电压比较器有两个不同的门限电压，传输特性呈滞回形状，如图 7-21b 所示。

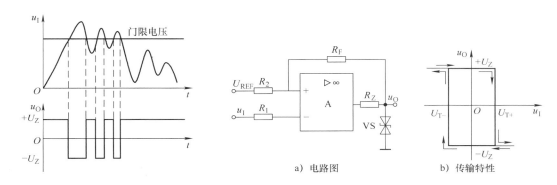

图 7-20　存在干扰时单限比较器的波形　　　　图 7-21　滞回电压比较器

利用叠加原理来估算滞回电压比较器两个门限电压的值，若 $u_O = +U_Z$，当 u_I 逐渐增大使 u_O 从 $+U_Z$ 跳变为 $-U_Z$ 所需的门限电压用 U_{T+} 表示，则有

$$U_{T+} = \frac{R_F}{R_2 + R_F} U_{REF} + \frac{R_2}{R_2 + R_F} U_Z$$

若 $u_O = -U_Z$，当 u_I 逐渐减小，使 u_O 从 $-U_Z$ 跳变为 $+U_Z$ 所需的门限电压用 U_{T-} 表示，则有

$$U_{T-} = \frac{R_F}{R_2 + R_F} U_{REF} - \frac{R_2}{R_2 + R_F} U_Z$$

上述两个门限电压之差称为门限宽度或回差，用符号 ΔU_T 表示，由以上两式可求得

$$\Delta U_T = U_{T+} - U_{T-} = \frac{2R_2}{R_2 + R_F} U_Z$$

在输入电压上升的过程中，设输出电压 $u_O = +U_Z$，则集成运算放大器同相端的电位为 U_{T+}。输入电压 u_I 上升时，只要 $u_I < U_{T+}$，输出电压 u_O 就等于 $+U_Z$。当 u_I 升到略大于 U_{T+} 时，输出发生翻转，输出电压 u_O 变成 $-U_Z$。与此同时，集成运算放大器同相输入端的电位变成 U_{T-}，输入电压 u_I 继续升高，输出电压不再变化。

在输入电压下降过程中，只要 $u_I > U_{T-}$，输出电压 u_O 就等于 $-U_Z$。当 u_I 下降到略小于

U_{T-} 时，输出发生翻转，输出电压 u_O 变成 $+U_Z$。与此同时，集成运算放大器同相输入端的电位变为 U_{T+}，输入电压 u_I 继续下降，输出电压不再变化。

滞回电压比较器可用于矩形波、三角波和锯齿波等各种非正弦波信号产生电路，也可用于波形变换电路。用于控制系统时，滞回电压比较器的主要优点是抗干扰能力强。在输入信号上升和下降的过程中，有两个不同的阈值电压。存在干扰时滞回电压比较器的波形如图 7-22 所示，当输入信号受干扰或噪声的影响而上下波动时，只要根据干扰或噪声电平适当调整两个阈值电压 U_{T-} 和 U_{T+} 的值，就可以避免比较器的输出电压在高、低电平之间反复跳变。

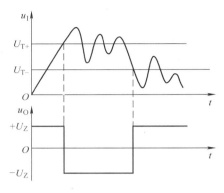

图 7-22　存在干扰时滞回电压比较器的波形

本 章 小 结

1. 集成运算放大器是用集成工艺制成的、具有高增益的直接耦合多级放大电路。它一般由输入级、中间级、输出级和偏置电路四部分组成。

2. 集成运算放大器只有引入深度负反馈，才能工作在线性区。集成运算放大器工作在线性区时有两个重要特点：$u_+ = u_-$（即"虚短"）；$i_+ = i_- = 0$（即"虚断"）。

3. 集成运算放大器工作在非线性区时，$i_+ = i_- = 0$（即"虚断"）仍然成立，其输出电压只有两种可能的状态：当 $u_+ > u_-$ 时，$u_O = + U_{Om}$；当 $u_+ < u_-$ 时，$u_O = - U_{Om}$。

4. 集成运算放大器工作在线性区的典型应用电路有反相比例电路、同相比例电路、加法运算电路、减法运算电路、积分和微分电路。

5. 集成运算放大器工作在非线性区的典型应用电路有单限电压比较器和滞回电压比较器。单限电压比较器只有一个门限电压。滞回电压比较器有两个门限电压，具有滞回形状的传输特性，两个门限电压之间的差值称为门限宽度或回差。电压比较器广泛应用于自动控制和测量系统中，用以实现越限报警、模-数转换以及各种非正弦波的产生及变换等。

思考与习题

7-1　集成运算放大器工作在线性区和非线性区时各有什么特点？什么是"虚断"、"虚短"和"虚地"？

7-2　在图 7-23 中，已知 $R_1 = 2k\Omega$，$R_F = 10k\Omega$，$R_2 = 2k\Omega$，$R_3 = 18k\Omega$，$u_I = 1V$，求 u_O。

7-3　试求图 7-24 所示电路中的 u_O 和 R_2。

7-4　在图 7-13 所示减法运算电路中，$R_1 = R_2 = 4k\Omega$，$R_3 = R_F = 20k\Omega$，$u_{I1} = 1.5V$，$u_{I2} = 1V$，试求 u_O。

7-5　试求图 7-25 所示电路中的 u_O。

7-6　在图 7-26a 所示电路中，已知 $R_1 = R_2 = R_F$，输入信号 u_{I1} 和 u_{I2} 的波形如图 7-26b 所示，试画出输出电压 u_O 的波形。

7-7　电路如图 7-27 所示，稳压管正向导通压降近似为零，试画出 u_O

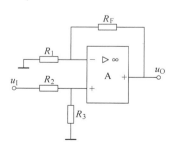

图 7-23　题 7-2 电路

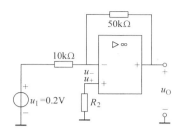

图 7-24　题 7-3 电路

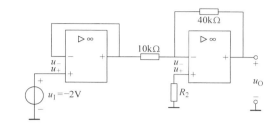

图 7-25　题 7-5 电路

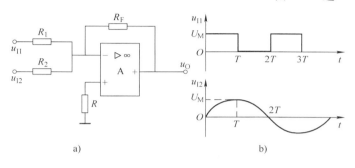

a)　　　　　　　　　　b)

图 7-26　题 7-6 电路与输入波形

与 u_1 的关系曲线。

7-8　图 7-28 所示为某监控报警电路，u_1 是由传感器转换来的监控信号，U_{REF} 是基准电压。当 u_1 超过基准电压时，报警灯亮，试说明其工作原理。二极管 VD 和电阻 R_3 在此起何作用？

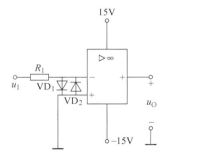

图 7-27　题 7-7 电路

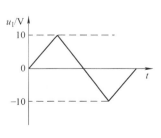

图 7-28　题 7-8 电路

7-9　图 7-29 所示是由集成运算放大器构成的比较器及输入波形图，试画出输出信号的波形。

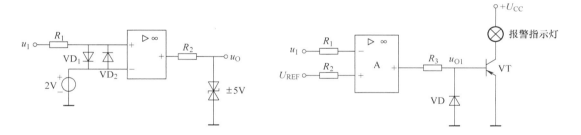

图 7-29　题 7-9 电路

第 8 章　直流稳压电源

> **内容提要：** 电子设备中都需要有直流电源供电。通常电子设备中的直流电源是由电网提供的交流电经过整流、滤波和稳压以后得到的。本章首先介绍直流稳压电源的组成；再介绍常用整流电路的组成、工作原理；然后介绍各种滤波电路的原理与性能；最后介绍稳压电路的稳压原理。

8.1　直流稳压电源的组成

直流稳压电源一般由电源变压器、整流电路、滤波电路和稳压电路四部分组成，其框图如图 8-1 所示。

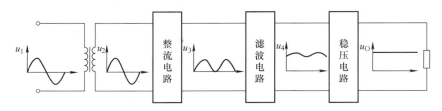

图 8-1　直流稳压电源组成框图

电源变压器的作用是为用电设备提供所需的交流电压。整流电路是将正负交替的正弦交流电整流成单向脉动的直流电。滤波电路的作用是把单向脉动的直流电变成比较平滑的直流电。稳压电路的作用是克服电网电压、负载及温度变化所引起的输出电压的变化，提高输出电压的稳定性。

8.2　二极管整流电路

整流电路是利用二极管的单向导电性将交流电压转变为脉动的直流电压。常见的整流电路有半波、全波、桥式整流。

8.2.1　单相半波整流电路

单相半波整流电路及其波形如图 8-2 所示。单相半波整流电路由整流变压器、整流元件及负载电阻组成。将整流二极管视做理想二极管，即正向电阻为 0，反向电阻为无穷大。当输入电压 u_2 为正半周时，二极管承受正向电压导通，此时负载上的电压为 u_2；当输入电压 u_2 为负半周时，二极管承受反向电压截止，输出电压为 0。

单相半波整流电路的优点是结构简单，使用的元器件少。但存在明显的缺点：输出波形脉动大，直流成分比较低；变压器有半个周期不导电，利用率低。所以只能用在输出电流较小，允许脉动大，电压精度要求不高的场合。

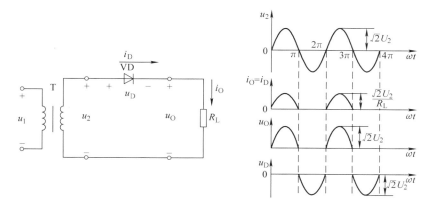

图 8-2　单相半波整流电路及其波形

8.2.2　单相桥式整流电路

应用广泛的整流电路是单相桥式整流电路，其电路及其波形如图 8-3 所示。它由整流变压器、4 只整流二极管构成的整流桥及负载电阻组成。

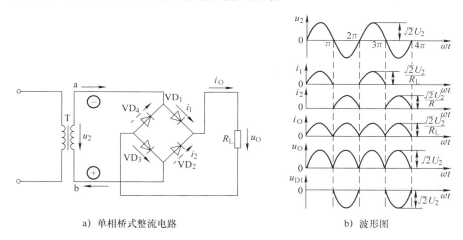

a) 单相桥式整流电路　　　　　　　　　　b) 波形图

图 8-3　单相桥式整流电路及其波形

当变压器二次电压 u_2 为正半周时，二极管 VD_1 和 VD_3 导通，VD_2 和 VD_4 截止，电流 i_0 的通路为 a→VD_1→R_L→VD_3→b；当变压器二次电压 u_2 为负半周时，二极管 VD_1 和 VD_3 反向截止，VD_2 和 VD_4 导通，电流 i_0 的通路为 b→VD_2→R_L→VD_4→a。可见在交流电压的正、负半周均有电流流过负载 R_L，且电流方向一致，达到了全波整流的效果。

8.2.3　单相整流电路的主要参数

描述整流电路性能的主要参数包括整流电路输出电压的平均值 $U_{O(AV)}$、整流二极管正向平均电流 $I_{D(AV)}$ 和二极管最大反向峰值电压 U_{RM}。

1. 整流电路输出电压的平均值 $U_{O(AV)}$

整流电路输出电压的平均值 $U_{O(AV)}$ 是整流电路的输出电压瞬时值 u_O 在一个周期内的平均值，即

$$U_{O(AV)} = \frac{1}{2\pi} \int_0^{2\pi} u_O \mathrm{d}(\omega t)$$

在单相半波整流电路中

$$U_{O(AV)} = \frac{1}{2\pi} \int_0^{\pi} \sqrt{2} U_2 \sin\omega t \mathrm{d}(\omega t) = \frac{\sqrt{2}}{\pi} U_2 = 0.45 U_2 \tag{8-1}$$

在桥式整流电路中

$$U_{O(AV)} = \frac{1}{\pi} \int_0^{\pi} \sqrt{2} U_2 \sin\omega t \mathrm{d}(\omega t) = \frac{2\sqrt{2}}{\pi} U_2 = 0.9 U_2 \tag{8-2}$$

2. 整流二极管正向平均电流 $I_{D(AV)}$

在单相半波整流电路中，整流二极管正向平均电流 $I_{D(AV)}$ 就等于输出电流平均值。

在单相桥式整流电路中，二极管 VD_1、VD_3 和 VD_2、VD_4 轮流导电。由图 8-3b 所示的波形图可以看出，每个整流二极管的平均电流等于输出电流平均值的一半，即

$$I_{D(AV)} = \frac{1}{2} I_{O(AV)} \tag{8-3}$$

当负载电流平均值已知时，可以根据 $I_{O(AV)}$ 来选定整流二极管。

3. 二极管最大反向峰值电压 U_{RM}

每个整流二极管的最大反向峰值电压 U_{RM} 是指整流二极管不导通时两端出现的最大反向电压。由图 8-2 和图 8-3 很容易看出，单相半波整流电路和桥式整流电路中，整流二极管承受的最大反向电压就是变压器二次电压的最大值，即

$$U_{RM} = \sqrt{2} U_2 \tag{8-4}$$

选用二极管时应选耐压值比此数值高的二极管，以免被击穿。

例 8-1 某电子电路要求采用电压为 15V 的直流电源，已知负载电阻 $R_L = 100\Omega$，试求：

（1）如果采用单相桥式整流电路，变压器二次电压 U_2 应为多大？整流二极管的正向平均电流 $I_{D(AV)}$ 和最大反向峰值电压 U_{RM} 等于多少？请选择二极管。

（2）如果改用单相半波整流电路，则 U_2、$I_{D(AV)}$、U_{RM} 各等于多少？并选择二极管。

解：（1）由式(8-2)可知

$$U_2 = \frac{U_{O(AV)}}{0.9} = \frac{15V}{0.9} = 16.7V$$

根据给定条件，可得输出直流电流为

$$I_{O(AV)} = \frac{U_{O(AV)}}{R_L} = \frac{15V}{100\Omega} = 0.15A = 150mA$$

由式(8-3)和式(8-4)可得

$$I_{D(AV)} = \frac{1}{2} I_{O(AV)} = \frac{1}{2} \times 150mA = 75mA$$

$$U_{RM} = \sqrt{2} U_2 = \sqrt{2} \times 16.7V = 23.6V$$

可选用最大整流电流为 100mA，反向工作电压为 25V 的二极管 4 只。

（2）如改用单相半波整流电路，则

$$U_2 = \frac{U_{O(AV)}}{0.45} = \frac{15V}{0.45} = 33.3V$$

$$I_{D(AV)} = I_{O(AV)} = 150 \text{mA}$$
$$U_{RM} = \sqrt{2} U_2 = \sqrt{2} \times 33.3 \text{V} = 47.1 \text{V}$$

可选用最大整流电流为 200mA，最高反向工作电压为 50V 的二极管 1 只。

8.3　滤波电路

从前面的分析可以看出，整流电路的输出电压虽然是单方向的直流，但还是包括了很多脉动成分（交流分量），因此需要滤波电路把将脉动的直流电变成比较平滑的直流电。常用的滤波电路有电容滤波器、电感滤波器和复式滤波电路等。

8.3.1　电容滤波电路

1. 电路组成

如图 8-4a 所示，电容滤波电路由负载电阻并联一个合适容量的电容构成。

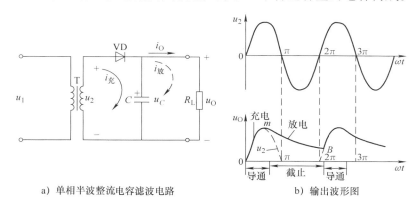

a）单相半波整流电容滤波电路　　　b）输出波形图

图 8-4　电容滤波

2. 电容滤波电路的工作原理

电容并联在负载电阻上，因此电容两端的电压就是负载两端的输出电压，电容滤波电路输出波形如图 8-4b 所示。当电路接通电源，二极管导通，电路中电容电压 u_C 从零开始充电。由于二极管的正向电阻很小，所以充电时间常数很小，充电速度很快，u_C 可跟随 u_2 按正弦规律变化。当 u_2 达到峰值后开始按正弦规律下降，下降较快。电容 C 经 R_L 放电，u_C 以指数规律下降，由于放电时间常数较大，u_C 下降较慢，除了刚过最大值的一小段时间外，从图 8-4b 中的 m 点开始，出现 $u_C > u_2$，二极管截止。直到放电到 B 点，$u_2 > u_C$ 时，二极管导通，电容再次被充电直到峰值。通过这种周期性充放电，使输出电压平滑了，达到了滤波效果。

电容滤波的工作原理还可以从电容的"通交隔直"作用来理解。整流后所得脉动电流交流成分的频率越高，电容的容抗越小，而与之并联的负载阻值与频率无关，因此脉动电流中的交流成分主要通过电容被旁路，负载上的电流和电压便较为平直了。

3. 电容滤波的特点

1）滤波后的输出电压脉动成分减少，输出直流电压得到了提高。单相桥式整流电容滤

波电路的输出直流电压为

$$U_O = 1.2U_2 \tag{8-5}$$

2）时间常数 $R_L C$ 较大时滤波效果好。滤波电容的时间常数通常取 $R_L C \gg \dfrac{T}{2}$，滤波电容一般取

$$C \geqslant (3 \sim 5)\frac{T}{2R_L} \tag{8-6}$$

3）二极管的导通角减小。滤波电容 C 的容量越大，导通角越小，二极管导通时的冲击电流很大，要比输出电流 I_O 大许多倍，选择二极管时，最大整流电流要留有充分的余量。

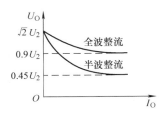

图 8-5 外特性曲线

4）外特性曲线如图 8-5 所示，滤波电路输出直流电压易受负载变动的影响，外特性不好。空载（$I_O = 0$，即 $R_L = \infty$）时，输出直流电压 $U_O = \sqrt{2}U_2$；随着输出电流的增加，电容滤波电路的输出电压下降很快，即它的外特性比较软，所以电容滤波适用于负载电流变化不大的场合。

8.3.2 电感滤波电路

1. 电路组成

如图 8-6 所示，若在整流电路和负载电阻之间串入一电感线圈，就构成了电感滤波电路。

2. 电感滤波电路的工作原理

当电感足够大时，整流后所得脉动电流的交流分量大部分降在电感上，而直流分量则大部分降在负载电阻上。若忽略电感线圈的电阻和二极管的管压降，则电感滤波电路的输出电压为 $U_O = 0.9U_2$。

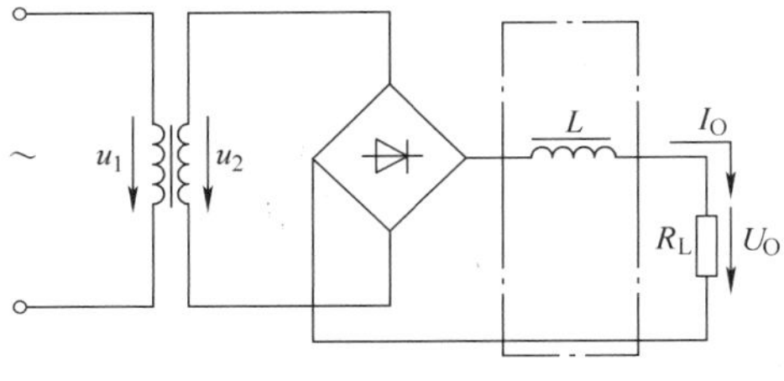

3. 电感滤波电路的特点

电感滤波电路对整流二极管没有电流冲击，带负载能力强。但电感量较大的线圈体积大、笨重，直流电阻较大，本身会引起直流电压损失，使得输出电压降低。电感滤波适用于要求直流电压不高、输出电流较大及负载变化较大的场合。

图 8-6 单相桥式整流电感滤波电路

8.3.3 复式滤波电路

在电子电路对直流电源电压平滑度要求较高的情况下，仅用前面介绍的两种滤波电路是不能满足要求的，往往要采用几种无源元件组成复式滤波电路。复式滤波电路如图 8-7 所示，主要有 Γ 形 LC 滤波电路、Π 形 LC 滤波电路和 Π 形 RC 滤波电路三种形式。

从图 8-7 中可以看出，组成复式滤波电路的原则是：把阻抗大的元件（如电感、电阻）与负载串联，以便降落较大的交流分量电压，而把阻抗小的元件（如电容）与负载并联，以便旁路较大的交流分量电流。

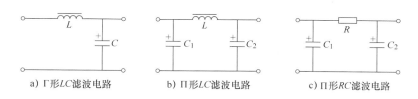

a) Γ形LC滤波电路　　　b) Π形LC滤波电路　　　c) Π形RC滤波电路

图 8-7　复式滤波电路

8.4　稳压电路

稳压电路的作用就是在电网电压波动及负载变动的情况下稳定地输出电压。在小功率设备中常用的稳压电路有稳压管稳压电路、晶体管串联型稳压电路和集成三端稳压器。

8.4.1　稳压管稳压电路

稳压管稳压电路如图 8-8 所示。稳压管与负载并联，并有限流电阻 R 配合才能起到稳压作用。

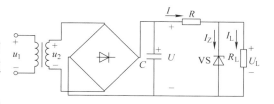

图 8-8　稳压管稳压电路

当负载不变，交流电网电压上升时，整流滤波电路的输出电压 U 增加，输出电压(也就是稳压管两端的电压)增加。由稳压管的伏安特性可知，稳压管的电流 I_Z 会显著增加，流过电阻 R 的电流 I 增加，使电阻 R 上的电压降增加，抵偿 U 的增加，从而使负载电压 U_0 近似保持不变。稳压过程可表示如下：

$$u_2 \uparrow \rightarrow U \uparrow \rightarrow U_L \uparrow \rightarrow I_Z \uparrow \rightarrow I \uparrow \rightarrow U_R \uparrow \rightarrow$$
$$U_L \downarrow \longleftarrow$$

同理，如果电网电压降低，输出电压也降低，因此稳压管的电流 I_Z 显著减小，R 上的电压降 U_R 也减小，使输出电压近似不变。

当电网电压未波动，而负载电流增大时，电阻 R 上电压降增大，输出电压就会下降，只要稍有下降，稳压管的电流 I_Z 就显著减小，电阻 R 上的电压降就减小，使输出电压近似不变。稳压过程可表示如下：

$$I_L \uparrow \rightarrow I \uparrow \rightarrow U_R \uparrow \rightarrow U_L \downarrow \rightarrow I_Z \downarrow \rightarrow I \downarrow \rightarrow U_R \downarrow \rightarrow$$
$$U_L \uparrow \longleftarrow$$

当负载电流减小时，稳压过程相反，读者可自行分析。可见，无论是电网波动还是负载变动，通过稳压管的电流调节作用和电阻 R 上的电压调节作用互相配合，负载两端电压都能基本上维持稳定。

值得注意的是，电阻 R 除了起电压调整作用外，还起限流作用。这是因为：如果稳压管没有经 R 而直接并接在滤波电路的输出端，不仅没有稳压作用，还可能使稳压管中流过很大的反向电流 I_Z 损坏稳压管，故 R 称为限流电阻。限流电阻 R 的选择应满足当电网电压波动和负载电流变化时，使稳压管始终工作在它的稳压工作区内。其阻值和额定功率一般按下式选择：

$$\frac{U_{\text{Imax}} - U_{\text{L}}}{I_{\text{Zmax}} + I_{\text{Lmin}}} < R < \frac{U_{\text{Imin}} - U_{\text{L}}}{I_{\text{Zmin}} + I_{\text{Lmax}}} \tag{8-7}$$

$$P = (2 \sim 3) \frac{(U_{\text{Imax}} - U_{\text{L}})^2}{R} \tag{8-8}$$

式(8-7)和式(8-8)中，U_{Imax}、U_{Imin}分别为整流滤波后的电压最高值、最小值；I_{Lmax}、I_{Lmin}分别为负载电流最大值、最小值；I_{Zmax}、I_{Zmin}分别为允许流过稳压管的电流最大值、最小值。

稳压管的选择可遵循：

$$U_{\text{Z}} = U_{\text{L}}$$

$$I_{\text{Zmax}} = (1.5 \sim 3) I_{\text{Lmax}} \tag{8-9}$$

稳压管稳压电路结构简单，适用于输出电压不需要调节，负载电流小，稳压精度要求不高的场合。

8.4.2　晶体管串联型稳压电路

稳压管稳压电路虽然具有电路简单，稳压效果好等优点，但允许负载电流变化的范围小，输出直流电压不可调，一般用做基准电压。为了克服稳压管稳压电路的这些缺陷，多采用晶体管串联型稳压电路，这也是集成稳压器的基础。

1. 晶体管串联型稳压电路结构

如图 8-9 所示，晶体管串联型稳压电路由取样电路、比较放大电路、基准电压电路和调整管四部分组成。取样电路由 R_1、R_2 和 R_{P} 组成，用于将输出电压及其变化量取出来并加到比较放大电路的输入端。R_3 与 VS 组成基准电路，为 VT_2 发射极提供基准电压。比较放大管 VT_2 的作用是将输出电压的变化量，放大后加到调整管的基极，控制调整管工作。晶体管 VT_1 与负载串联，因此称为晶体管串联型稳压电路。

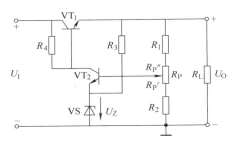

图 8-9　晶体管串联型稳压电路

2. 晶体管串联型稳压电路的工作原理

当电网电压升高或负载电阻减小时，输出电压将升高，取样电路的分压点 V_{B2} 升高，因 U_{Z} 不变，所以 U_{BE2} 增大，I_{C2} 随之增大，V_{C2} 降低，则调整管 V_{B1} 也降低，发射结正偏电压 U_{BE1} 下降，I_{B1} 减小，I_{C1} 随着减小，U_{CE1} 增大，输出电压 U_{O} 下降，使输出电压保持稳定。上述稳压过程可表示为

$$U_{\text{I}} \uparrow (R_{\text{L}} \uparrow) \to U_{\text{O}} \uparrow \to U_{\text{B2}} \uparrow \to U_{\text{BE2}} \uparrow \to I_{\text{B2}} \uparrow \to I_{\text{C2}} \uparrow \to U_{\text{B1}} \downarrow$$
$$U_{\text{O}} \downarrow \leftarrow U_{\text{CE1}} \uparrow \leftarrow I_{\text{C1}} \downarrow \leftarrow I_{\text{B1}} \downarrow \leftarrow U_{\text{BE1}} \downarrow$$

当电网电压减小或负载增加时，稳压过程相反，读者可自行分析。

8.4.3　三端集成稳压器

三端集成稳压器的种类很多，按照输出电压是否可调可分为固定式和可调式；按照输出电压的正、负极性可分为正稳压器和负稳压器。三端集成稳压器具有体积小、可靠性高、性能指标好、使用灵活简单、价格低廉等优点，因此在仪器、仪表及其他各种电子设备中得到了广泛的应用。

1. 三端固定式集成稳压器

国产的三端固定式集成稳压器有 CW78 × × 系列(正电压输出)和 CW79 × × 系列(负电压输出),其输出电压有 ±5V 、±6V 、±8V 、±9V 、±12V 、±15V 、±18V 、±24V ,最大输出电流有 0.1A 、0.5A 、1A 、1.5A 、2.0A 等。

三端固定式集成稳压器的外形和符号如图 8-10 所示。由于它只有输入端、输出端和公共地端三个引脚,故称为三端稳压器。W78 × × 系列的引脚功能是:1 脚为输入端,2 脚为输出端,3 脚为公共地端。

(1)基本应用电路 在实际应用中,可根据所需输出电压、电流,选用符合要求的 W78 × × 、W79 × × 系列产品。三端固定式集成稳压器的基本应用电路如图 8-11 所示。

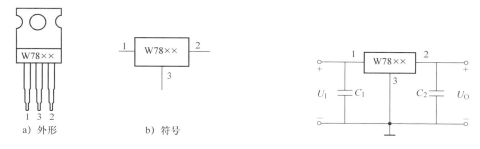

图 8-10 三端固定式集成稳压器的外形和符号 图 8-11 三端固定式集成稳压器的基本应用电路

图中 C_1 用以抑制过电压,抵消因输入线过长产生的电感效应并消除自激振荡;C_2 用以改善负载的瞬态响应,即瞬时增减负载电流时不致引起输出电压有较大的波动。C_1 、C_2 一般选容量为 $0.1\mu F$ 至几微法。

(2)提高输出电压电路 当需要输出较大的电压时,可采用图 8-12 所示的提高输出电压电路。输出电压为

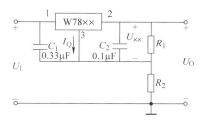

$$U_O = U_{\times\times} + R_2 I_{R2} = U_{\times\times} + R_2(I_{R1} + I_Q)$$

$$= \left(1 + \frac{R_2}{R_1}\right)U_{\times\times} + I_Q R_2 \qquad (8\text{-}10)$$

式中,$U_{\times\times}$ 是三端稳压器的标称输出电压;I_Q 是三端稳压器的静态电流,一般很小,可忽略不计,因此输出电压为

图 8-12 提高输出电压电路

$$U_O \approx U_{\times\times}\left(1 + \frac{R_2}{R_1}\right) \qquad (8\text{-}11)$$

(3)同时输出正负电压的电路 图 8-13 所示为双向稳压电路。利用 W7815 和 W7915 两个三端集成稳压器,可构成同时输出 15V 和 −15V 两种电压的双向稳压电源。

2. 三端可调式集成稳压器

三端可调式集成稳压器按输出电压分为正电压输出 CW317(CW117、CW217)和负电压输出 CW337(CW137、CW237)两大类。按输出电流大小,每个系列又分为 L 型、M 型等。

三端可调式集成稳压器 W317 和 W337 是一种悬浮式串联调整稳压器,它们的应用电路基本相同。图 8-14 所示为典型的 W317 应用稳压电路。为了使电路正常工作,一般输出电

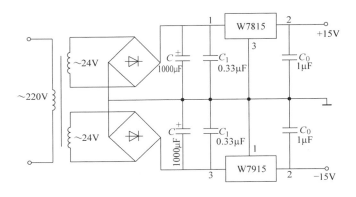

图 8-13　双向稳压电路

流不小于 5mA。输入电压范围为 2～40V，输出
电压可在 1.25～37V 之间调整，负载电流可达
1.5A，由于调整端的输出电流非常小（50μA）且
恒定，故可将其忽略，则输出电压为

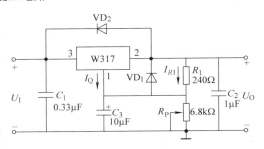

$$U_O \approx \left(1 + \frac{R_P}{R_1}\right) \times 1.25V \qquad (8\text{-}12)$$

式中，1.25V 是三端集成稳压器输出端与调整端
之间的固定参考电压，调节 R_P 可改变输出电压
的大小。R_1 一般取值 120～240Ω，二极管 VD_1、
VD_2 起保护作用。

图 8-14　典型的 W317 应用稳压电路

本 章 小 结

1. 小功率直流稳压电源一般由电源变压器、整流电路、滤波电路和稳压电路四部分
组成。

2. 在单相半波和单相桥式基本整流电路中，单相桥式整流电路的输出直流电压较高，
输出的脉动相对较低，整流管承受的反向峰值电压不高，变压器的利用率较高，因此应用比
较广泛。

3. 滤波电路的作用是滤掉输出电压中的脉动成分。滤波电路主要由电感、电容等储能
元件组成。电容滤波适用于小负载电流，而电感滤波适用于大负载电流。将二者结合起来，
使输出电压更加平滑。

4. 稳压管稳压电路就是把稳压管和负载并联，利用稳压管的反向击穿特性来实现稳压
的。该电路只适用于输出电流较小、输出电压固定且稳压要求不高的场合。

5. 晶体管串联型稳压电路由取样电路、基准电压电路、比较放大电路和调整电路四部
分组成。电路中调整管与负载相串联。适用于输出电压稳定且在一定范围内可调，输出电流
较大的场合。

6. 三端集成稳压器因其体积小、成本低、性能稳定、使用方便等优点而得到广泛应用。
它既有固定式输出和可调式输出，又有正电压输出和负电压输出。其中，W78××系列为固

定式正电压输出，W79××系列为固定式负电压输出；W×17 系列为可调式正电压输出，W×37系列为可调式负电压输出。

思考与习题

8-1　直流稳压电源一般由哪几部分组成？各部分的作用是什么？

8-2　晶体管串联型稳压电路主要包括哪几部分？各部分起什么作用？

8-3　试设计一个桥式整流电容滤波的稳压管并联稳压电源，具体参数指标为：输出电压 $U_0 = 6V$，电网电压波动范围为 $\pm 10\%$，负载电阻 R_L 由 $1k\Omega$ 到 ∞，如何选定稳压管和限流电阻？

8-4　在图 8-14 所示电路中，静态电流 $I_Q = 6mA$，$R_1 = 300\Omega$，$R_P = 1k\Omega$。试问 R_P 取何值才能得到 10V 的输出电压？

第9章　逻辑代数基础

> **内容提要：** 本章首先介绍数字电路的一些基本概念及数字电路中常用的数制与码制；然后介绍数字电路逻辑中的基本逻辑运算；最后讨论集成逻辑门电路的工作原理和逻辑功能。

9.1　数字电路的特点

数字电路的基本单元是逻辑门电路，分析工具是逻辑代数，在功能上着重强调电路输入与输出间的因果关系。数字电路不仅能完成数值运算，而且能进行逻辑判断和运算。数字电路比较简单、功耗低、抗干扰性强、精度高、便于集成，因而在无线电通信、自动控制系统、测量设备、电子计算机等领域获得了日益广泛的应用。

电子技术中的信号可分为模拟信号和数字信号两大类。模拟信号是指随时间连续变化的信号，如图 9-1a 所示。数字信号是指在时间上和数量上都离散的、不连续变化的信号，如图 9-1b 所示。数字电路中通过的信号就是数字信号。

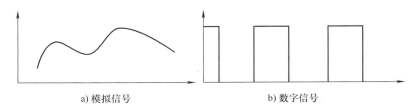

a) 模拟信号　　　　　　　　b) 数字信号

图 9-1　模拟信号和数字信号

数字信号具有以下几个特点：

1）数字信号只有两种取值，高电平和低电平，常用数码 "1" 和 "0" 来表示。这两个数码不具有数量大小的意义，只代表两种对立的状态。这里规定用 "1" 表示高电平，用 "0" 表示低电平，称为正逻辑，反之为负逻辑，本书均采用正逻辑。

2）数字信号处于稳态时，电子器件处于饱和导通和截止这两种开关状态。

3）数字信号具有抗干扰能力强、对电路元器件精度要求不高、可靠性强等特点。

4）数字信号保密性好，能长期存储。

9.2　数制与码制

9.2.1　数制

数制是一种计数的方法，它是计数进位制的简称。在数字电路中，采用的计数进制除十进制外，还有二进制和十六进制。

1. 十进制

十进制是以 10 为基数的计数体制。在十进制中，每一位有 0、1、2、3、4、5、6、7、8、9 十个数码，它的规律是逢十进一。在十进制数中，数码所处的位置不同时，其所代表的数值是不同的，如 $(209.04)_{10} = 2 \times 10^2 + 0 \times 10^1 + 9 \times 10^0 + 0 \times 10^{-1} + 4 \times 10^{-2}$，其中，$10^2$、$10^1$、$10^0$ 为整数部分百位、十位、个位的权，而 $10^{-1} = 0.1$ 和 $10^{-2} = 0.01$ 为小数部分十分位和百分位的权，它们都是基数 10 的幂。数码与权的乘积，称为加权系数，如上述的 1×10^2、0×10^1 等。因此，十进制数的数值为各位加权系数之和。

2. 二进制

二进制是以 2 为基数的计数体制。在二进制中，每位只有 0 和 1 两个数码，它们的进位规律是逢二进一。各位的权都是 2 的幂，如二进制数 $(101.01)_2$ 可表示为

$$(101.01)_2 = 1 \times 2^2 + 0 \times 2^1 + 1 \times 2^0 + 0 \times 2^{-1} + 1 \times 2^{-2}$$
$$= 4 + 0 + 1 + 0 + 0.25$$
$$= (5.25)_{10}$$

二进制数的各位加权系数的和就是其对应的十进制数。

3. 十六进制

十六进制是以 16 为基数的计数体制。在十六进制中，每位有 0、1、2、3、4、5、6、7、8、9、A(10)、B(11)、C(12)、D(13)、E(14)、F(15) 十六个不同的数码，它的进位规律是逢十六进一，各位的权为 16 的幂。如十六进制数 $(3BE.C4)_{16}$ 可表示为

$$(3BE.C4)_{16} = 3 \times 16^2 + 11 \times 16^1 + 14 \times 16^0 + 12 \times 16^{-1} + 4 \times 16^{-2}$$
$$= 768 + 176 + 14 + 0.75 + 0.015625$$
$$= (958.765625)_{10}$$

十六进制数的各位加权系数的和就是其对应的十进制数。

表 9-1 中列出了二进制、十进制和十六进制不同数制的对照关系。

表 9-1　二进制、十进制、十六进制对照表

十进制	二进制	十六进制	十进制	二进制	十六进制
0	0000	0	8	1000	8
1	0001	1	9	1001	9
2	0010	2	10	1010	A
3	0011	3	11	1011	B
4	0100	4	12	1100	C
5	0101	5	13	1101	D
6	0110	6	14	1110	E
7	0111	7	15	1111	F

9.2.2　码制

由于数字系统是以二值数字逻辑为基础的，因此数字系统中的信息（包括数值、文字、控

制命令等)都是用一定位数的二进制码表示的,这个二进制码称为代码。

二进制编码方式有多种,二-十进制码(又称 BCD 码)是其中最常用的码。BCD 码是指用二进制代码来表示十进制的 0~9 十个数。要用二进制代码来表示十进制的十个数,至少要用 4 位二进制数。4 位二进制数有 16 种组合,可从这 16 种组合中选择 10 种组合分别来表示十进制的 0~9 十个数。选哪 10 种组合,有多种方案,这就形成了不同的 BCD 码。表 9-2 中列出了几种常用的 BCD 码。

表 9-2   常用 BCD 码表

十进制数	有 权 码			无 权 码
	8421BCD 码	5421BCD 码	2421BCD 码	余 3BCD 码
0	0000	0000	0000	0011
1	0001	0001	0001	0100
2	0010	0010	0010	0101
3	0011	0011	0011	0110
4	0100	0100	0100	0111
5	0101	1000	1011	1000
6	0110	1001	1100	1001
7	0111	1010	1101	1010
8	1000	1011	1110	1011
9	1001	1100	1111	1100

1. 8421BCD 码

8421BCD 码是一种应用十分广泛的代码,这种代码每位的权值是固定不变的,为恒权码。它取了 4 位二进制数的前十种组合 0000~1001 表示一位十进制数 0~9。4 位二进制数从高位到低位的权值分别为 8、4、2、1。8421BCD 码每组二进制代码各位加权系数的和便为它所代表的十进制数。如 8421BCD 码 0101 按权展开式为

$$0\times8+1\times4+0\times2+1\times1=5$$

所以,8421BCD 码 0101 表示十进制数 5。

2. 2421 BCD 码和 5421 BCD 码

它们也是恒权码。4 位二进制数从高位到低位的权值分别是 2、4、2、1 和 5、4、2、1,每组代码各位加权系数的和为其表示的十进制数。如 2421 BCD 码 1110 按权展开式为 $1\times2+1\times4+1\times2+0\times1=8$,所以,2421 BCD 码 1110 表示十进制数 8。

对于 5421 BCD 码,如代码为 1011 时,按权展开式为 $1\times5+0\times4+1\times2+1\times1=8$,所以,5421 BCD 码 1011 表示十进制数 8。

3. 余 3 BCD 码

这种代码没有固定的权值,称为无权码,它是由 8421 BCD 码加 3(0011)形成的,所以称为余 3 BCD 码。如 8421BCD 码 0111(7)加 0011(3)后,在余 3 BCD 码中为 1010,其表示十进制数 7。

9.3　逻辑函数

9.3.1　三种基本逻辑函数

数字电路实现的是逻辑关系。逻辑关系是指某事物的条件(或原因)与结果之间的关系。逻辑关系常用逻辑函数来描述。逻辑代数中只有三种基本逻辑函数：与、或、非。

1. 与逻辑

与逻辑：只有当决定一件事情的条件全部具备之后，这件事情才会发生，这种因果关系称为与逻辑。图 9-2a 所示为实现与逻辑关系的灯泡控制电路。若把开关的闭合作为条件，灯泡亮作为结果，则只有开关 A、B 都闭合时，灯泡才会亮。

把输入、输出变量所有相互对应的值列在一个表格内，这种表格称为逻辑函数真值表，简称真值表。这里定义"1"表示开关闭合、灯亮，"0"表示开关断开、灯不亮，则得到所示的与逻辑真值表见表 9-3。与运算的规则为：输入有 0，输出为 0；输入全 1，输出为 1。

与逻辑用表达式来描述，可写为

$$Y = A \cdot B \tag{9-1}$$

在数字电路中能实现与运算的电路称为与门，其逻辑符号如图 9-2b 所示。

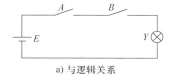

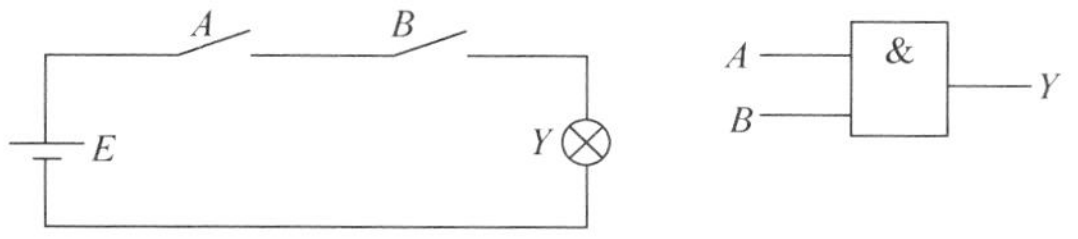

a) 与逻辑关系　　　　b) 与门逻辑符号

图 9-2　与逻辑

表 9-3　与逻辑真值表

A	B	Y
0	0	0
1	0	0
1	0	0
1	1	1

在掌握了与逻辑关系后，可以根据它的逻辑规律进行时序分析，画出电路的时序图，以便形象地分析输出随输入变化的情况。

例 9-1　两输入与门输入信号 A、B 的波形如图 9-3 所示，画出输出函数 Y 的波形。

解：根据与逻辑函数真值表，可以看出在不同的输入组合时，有不同的输出。因此画输出函数的波形方法是：在每一个输入波形发生变化的位置向下画垂线，这些垂线将输入波形分成了许多区域，在每个区域根据与逻辑的规律分析并画出输出的波形。

本例与函数 Y 的波形如图 9-3 所示。

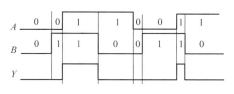

图 9-3　例 9-1 的波形

2. 或逻辑

或逻辑：当决定一件事情的几个条件中，只要有一个或一个以上条件具备，这件事情就会发生，这种关系称为或逻辑。实现或逻辑关系的灯泡控制电路如图 9-4a 所示，开关 A、B 之一闭合时，灯泡就会亮。

或逻辑真值表见表 9-4。或运算的规则为：输入有 1，输出为 1；输入全 0，输出为 0。

在数字电路中能实现或运算的电路称为或门，或门逻辑符号如图 9-4b 所示。或逻辑表达式为

$$Y = A + B \tag{9-2}$$

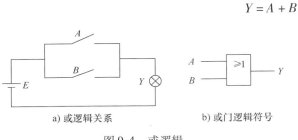

a) 或逻辑关系　　　　　b) 或门逻辑符号

图 9-4　或逻辑

表 9-4　或逻辑真值表

A	B	Y
0	0	0
1	0	1
1	0	1
1	1	1

例 9-2　两输入或门输入信号 A、B 的波形如图 9-5 所示，画出输出函数 Y 的波形。

解：和画与门的时序图方法一致，在每一个输入波形发生变化的位置向下画垂线后，根据或逻辑的规律分析并画出输出的波形如图 9-5 所示。

3. 非逻辑

非逻辑：某事情发生与否，仅取决于一个条件，而且是对该条件的否定，即条件具备时事情不发生，条件不具备时事情才发生。实现非逻辑关系的灯泡控制电路如图 9-6a 所示，开关 A 闭合时，灯不亮；而当 A 不闭合时，灯亮。

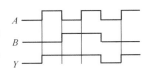

图 9-5　例 9-2 波形

非逻辑真值表见表 9-5。非运算的规则为：输入为 1，输出为 0；输入为 0，输出为 1。在数字电路中能实现非运算的电路称为非门，非门逻辑符号如图 9-6b 所示。非逻辑表达式为

$$Y = \overline{A} \tag{9-3}$$

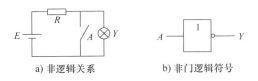

a) 非逻辑关系　　　　　b) 非门逻辑符号

图 9-6　非逻辑

表 9-5　非逻辑真值表

A	Y
0	1
1	0

9.3.2　复合逻辑函数

任何复杂的逻辑运算都可以由三种基本逻辑函数组合而成。在实际应用中为了减少逻辑门的数目，使数字电路的设计更方便，还常常使用其他几种常用逻辑函数。

1. 与非、或非、与或非逻辑函数

如输入逻辑变量为 A、B、C、D，输出逻辑函数为 Y，与非、或非、与或非相应的逻辑表达式为

$$\begin{cases} Y = \overline{A \cdot B} & \text{与非逻辑函数} \\ Y = \overline{A + B} & \text{或非逻辑函数} \\ Y = \overline{AB + CD} & \text{与或非逻辑函数} \end{cases} \tag{9-4}$$

实现这些逻辑运算的电路分别为与非门、或非门、与或非门，它们的逻辑关系及逻辑符

号如图 9-7 所示。图 9-7 中用基本逻辑门电路符号表示的逻辑关系图称为逻辑图,逻辑图是描述逻辑函数的又一种形式。

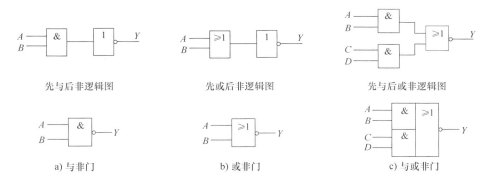

先与后非逻辑图　　　　　　先或后非逻辑图　　　　　　先与后或非逻辑图

a) 与非门　　　　　　　　b) 或非门　　　　　　　　c) 与或非门

图 9-7　与非、或非、与或非的逻辑关系及逻辑符号

2. 异或、同或逻辑函数

异或和同或逻辑函数都是二变量逻辑运算。异或的逻辑关系为:当输入 A、B 相异时,输出 Y 为 1;当输入 A、B 相同时,输出 Y 为 0。异或逻辑的真值表见表 9-6。

表 9-6　异或逻辑的真值表

A	B	Y	A	B	Y
0	0	0	1	0	1
0	1	1	1	1	0

异或逻辑表达式为

$$Y = \overline{A}B + A\overline{B} = A \oplus B \qquad (9\text{-}5)$$

式中,"⊕"号表示异或运算。

同或的逻辑关系为:当输入 A、B 相同时,输出 Y 为 1;当输入 A、B 相异时,输出 Y 为 0。同或逻辑的真值表见表 9-7。同或运算逻辑表达式为

$$Y = \overline{A}\ \overline{B} + AB = A \odot B \qquad (9\text{-}6)$$

式中,"⊙"号表示同或运算。

表 9-7　同或逻辑的真值表

A	B	Y	A	B	Y
0	0	1	1	0	0
0	1	0	1	1	1

比较异或和同或的真值表可知,异或函数与同或函数在逻辑上互为反函数,即

$$\begin{cases} A \oplus B = \overline{A \odot B} \\ A \odot B = \overline{A \oplus B} \end{cases} \qquad (9\text{-}7)$$

实现异或运算、同或运算的电路称为异或门、同或门,它们的逻辑符号如图 9-8 所示。

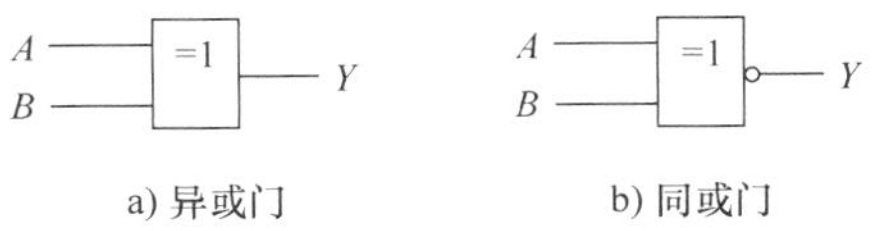

a) 异或门　　　　　　b) 同或门

图 9-8　异或门、同或门的逻辑符号

9.4　逻辑函数的化简

9.4.1　逻辑代数的基本定律

逻辑代数的基本定律反映了逻辑运算的一些基本规律，只有掌握了这些基本定律才能正确地分析和设计出逻辑电路。逻辑代数的基本定律见表9-8。

表9-8　逻辑代数的基本定律

定律名称	公　式	
0-1 律	$A \cdot 0 = 0$	$A + 1 = 1$
自等律	$A \cdot 1 = A$	$A + 0 = A$
等幂律	$A \cdot A = A$	$A + A = A$
互补律	$A \cdot \overline{A} = 0$	$A + \overline{A} = 1$
交换律	$A \cdot B = B \cdot A$	$A + B = B + A$
结合律	$A \cdot (B \cdot C) = (A \cdot B) \cdot C$	$A + (B + C) = (A + B) + C$
分配律	$A \cdot (B + C) = A \cdot B + A \cdot C$	$AB + C = (A + B) \cdot (A + C)$
吸收律 1	$(A + B) \cdot (A + \overline{B}) = A$	$A \cdot B + A \cdot \overline{B} = A$
吸收律 2	$A \cdot (\overline{A} + B) = A \cdot B$	$A + \overline{A} \cdot B = A + B$
反演律	$\overline{A \cdot B} = \overline{A} + \overline{B}$	$\overline{A + B} = \overline{A} \cdot \overline{B}$
非非律	$\overline{\overline{A}} = A$	

表中所列定律的正确性，可以用真值表的方法证明。将变量的所有取值代入等式两边，若两边的真值表结果相等，则等式成立。例如，利用真值表证明反演律 $\overline{A \cdot B} = \overline{A} + \overline{B}$ 的正确性，见表9-9。由真值表可知，反演律成立。

表9-9　反演律 $\overline{A \cdot B} = \overline{A} + \overline{B}$ 的证明

A	B	$\overline{A \cdot B}$	$\overline{A} + \overline{B}$
0	0	1	1
1	0	1	1
1	0	1	1
1	1	0	0

9.4.2　逻辑函数的代数化简法

一个逻辑函数可以有多种不同的逻辑表达式和逻辑图。所以，直接根据某种逻辑要求而归纳出来的逻辑表达式及其对应的逻辑电路，往往不是最简单的形式，这就需要对逻辑表达式进行化简。

逻辑函数有两种化简方式：代数化简法和卡诺图化简法。由于篇幅所限，这里只介绍代数化简法。代数化简法是运用逻辑代数的基本定律进行化简，常用的有下列方法。

1. 并项法

用互补律 $A + \bar{A} = 1$，将表达式中两个与乘积项合并为一项，并消去一个变量。

例 9-3　化简 $Y = ABC + A\bar{B}\ \bar{C} + AB\bar{C} + A\bar{B}C$

解：
$$Y = AB(C + \bar{C}) + A\bar{B}(C + \bar{C})$$
$$= AB + A\bar{B}$$
$$= A(B + \bar{B})$$
$$= A$$

2. 消去法

用吸收律 $A + \bar{A}B = A + B$，消去第二项多余因子 $\bar{A}$。

例 9-4　化简 $Y = A\bar{B} + \bar{A}B + ABCD + \bar{A}\ BCD$

解：
$$Y = A(\bar{B} + BCD) + \bar{A}(B + \bar{B}CD)$$
$$= A\bar{B} + ACD + \bar{A}B + \bar{A}CD$$
$$= A\bar{B} + \bar{A}B + CD$$

3. 配项法

用 $A = A(B + \bar{B})$，作为配项用，消去更多的项。

例 9-5　化简 $Y = AB + \bar{A}\ \bar{C} + B\bar{C}$

解：在第三项配以因子 $A + \bar{A}$ 有
$$Y = AB + \bar{A}\ \bar{C} + (A + \bar{A})B\bar{C}$$
$$= AB + \bar{A}\ \bar{C} + AB\bar{C} + \bar{A}B\bar{C}$$
$$= (AB + AB\bar{C}) + (\bar{A}\ \bar{C} + \bar{A}B\bar{C})$$
$$= AB + \bar{A}\ \bar{C}$$

9.5　集成逻辑门

集成逻辑门是数字电路的基本单元。目前，使用较多的集成逻辑门电路有以下两大类。其中一类是输入、输出均由晶体管构成，称为晶体管-晶体管逻辑（Transistor-transistor Logic）电路，简称 TTL 电路。国产的 TTL 电路有 54/74、54/74H、54/74S、54/74LS、54/74AS、54/74ALS 等六大系列。此种电路的显著特点是工作速度高、带负载能力强。另一类是由场效应晶体管构成的集成逻辑门电路，简称 MOS 电路。MOS 电路有三种形式，即 PMOS 电路、NMOS 电路和 CMOS 电路。MOS 电路的优点是功耗低、电源电压范围宽、输入阻抗高、抗干扰能力强、制造工艺简单、体积小、集成度高。在 CMOS 集成电路系列中，比较典型的产品有 4000 系列和 4500 系列。就逻辑功能而言，MOS 电路与 TLL 门电路并无区别，符号也相同，下面以 TTL 电路为例介绍。

9.5.1　TTL 与非门

1. 电路结构

典型的 TTL 与非门电路如图 9-9 所示。VT_1、R_1、VD_1、VD_2 构成输入级，其功能是对输入变量 A、B 实现与运算。VT_2 和电阻 R_2、R_3 构成中间级，实现倒相功能。VT_3、VT_4、VT_5 和两个电阻 R_4、R_5 构成推拉式输出级，用以提高带负载能力和抗干扰能力。

2. TTL 与非门电路的工作原理

当输入端 A、B 有一个低电平 U_{IL}（0.3V）时，VT_1 就饱和导通，VT_2 和 VT_5 截止，VT_3 和 VT_4 导通，此时输出为高电平。当输入端 A、B 均为高电平 U_{IH}（3.6V）时，VT_2 和 VT_5 导通，VT_3 和 VT_4 截止，此时输出低电平 0.3V。

由上述分析可知，当输入有低电平时输出为高电平，输入全为高电平时输出为低电平。所以该电路具有与非门的逻辑功能。

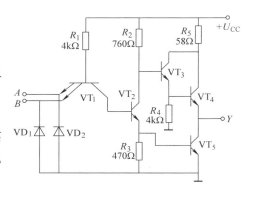

图 9-9　典型的 TTL 与非门的电路

9.5.2　集电极开路门及三态门

1. 集电极开路门

一般的 TTL 门电路，不论输出高电平，还是输出低电平，其输出电阻都很低，只有几欧姆，因此不能把两个或两个以上的 TTL 门电路的输出端直接并接在一起实现与关系。集电极开路门（也称为 OC 门）可克服上述问题。

（1）OC 门电路结构及逻辑符号　图 9-10 所示为 OC 门电路结构及逻辑符号。输出端框内"◇"为集电极开路门的限定符号。OC 门的电路特点是输出管的集电极开路。OC 门工作时需要在输出端 Y 和电源 U_{CC} 之间外接一个上拉负载电阻 R_L，来代替一般 TTL 与非门的 VT_3、VT_4。

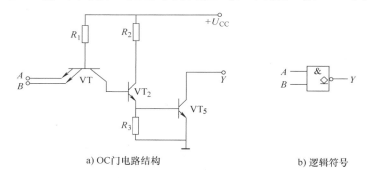

a) OC 门电路结构　　　　　　　　b) 逻辑符号

图 9-10　OC 门电路结构及逻辑符号

（2）OC 门的应用

1）实现线与。两个或多个 OC 门的输出端直接相连实现与逻辑功能，称为线与。只有 OC 门才能实现线与，普通 TTL 门输出端不能并联。OC 门线与连接如图 9-11 所示，实现的逻辑表达式为 $Y = \overline{AB} \cdot \overline{CD}$。

2）实现电平转换。OC 门外接的 U_{CC} 也可以选择其他电源，因此广泛用于电平转换、继电器驱动及接口电路之中。图 9-12 所示为用 OC 门实现电平转换的电路。

3）用 OC 门驱动显示器和继电器。图 9-13 所示为用 OC 门驱动发光二极管的电路。

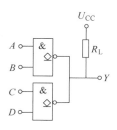

图 9-11　OC 门线与连接

2. 三态门

（1）三态门的结构及工作原理　三态门是在普通 TTL 门电路的基础上附加控制电路而

构成，常用的有三态与门、三态与非门、三态非门等。图 9-14 所示为三态与非门电路及逻辑符号，EN 为控制端，也称为使能端，A、B 为输入端，Y 为输出端。

图 9-12　OC 门实现电平转换　　　　　　　　　　　图 9-13　OC 门驱动发光二极管

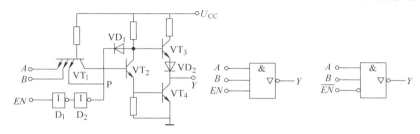

a) 三态与非门电路　　　　b) 控制端高电平有效　　　c) 控制端低电平有效

图 9-14　三态与非门电路及逻辑符号

图 9-14a 所示的三态与非门工作原理如下：当 $EN=1$ 时，P 点为高电平，VD_1 截止，与 P 相连的 VT_1 的发射结也截止。三态门相当于一个正常的二输入端与非门，即 $Y=\overline{AB}$。当 $EN=0$ 时，P 点为低电平，VD_1 导通且同时使 VT_3、VT_4 截止，这时输出端对地和电源都相当于开路，呈现高阻。因此三态门输出有高电平、低电平和高阻三个状态，该三态与非门的符号如图 9-14b 所示，其真值表见表 9-10。

三态门除了图 9-14b 所示控制端高电平有效的以外，还有控制端低电平有效的，符号如图 9-14c 所示。$\overline{EN}=1$ 时，三态门呈高阻态；$\overline{EN}=0$ 时，三态门为与非门功能。

（2）三态门的应用　　当三态门输出处于高阻态时，该门电路表面上仍与电路系统相连，但实际上是浮空的，如同没把它们接入一样，利用三态门的这种性质可以实现多路数据在总线上的分时传送，三态门用于总线传输如图 9-15 所示。只要控制各三态门的 EN 端，使各个 EN 端轮流为 1，并且在任意时刻有且只有一个 EN 端为 1，就可以把各个门的输出信号轮流分时传送到总线上，从而避免总线上传输的数据混乱。

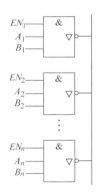

图 9-15　三态门用于总线传输

表 9-10　三态与非门的真值表

EN	A	B	Y	EN	A	B	Y
1	0	0	1				
1	0	1	1	1	1	1	0
1	1	0	1	0	×	×	高阻

本 章 小 结

1. 数字电路是以不连续变化的矩形脉冲作为数字信号，进行储存、传递和处理的电子电路。矩形脉冲有两个状态，即高电平和低电平，它们可以代表两种对立的逻辑状态或二进制数的两个数码。

2. 一般数字电路均采用正逻辑，规定 1 代表高电平，0 代表低电平。数字电路的输入、输出信号只有 1 和 0 两种状态，它们之间有一定的逻辑关系，故数字电路也称为逻辑电路。

3. 与门、或门和非门是构成数字电路的基本单元，应掌握这三种基本门电路的逻辑功能、逻辑符号、逻辑关系式和波形分析。

4. 逻辑代数是分析和设计逻辑电路的主要工具，应熟练掌握逻辑代数的运算规则和定律，并能灵活运用其化简。

思考与习题

9-1 数字信号和数字电路与模拟信号和模拟电路的主要区别是什么？

9-2 写出与门、或门、非门、与非门、或非门的逻辑表达式和真值表并画出逻辑符号。

9-3 将下列十进制数转换为二进制数。

3　6　12　30　51

9-4 将下列各数转换成十进制数。

$(1001)_2$　$(011010)_2$　$(10010010)_2$　$(EC)_{16}$　$(16)_{16}$

9-5 化简下列各式

（1）$F = A\overline{B}C + \overline{A} + B + \overline{C}$

（2）$F = ABC + AC\overline{D} + A\overline{C} + CD$

（3）$F = A\,\overline{BC} + ABC + \overline{AB}C + \overline{AB}\overline{C}$

9-6 将下列 8421BCD 码写成十进制数。

$(0010\ 0011\ 1000)_{8421BCD}$　$(0111\ 1001\ 0101\ 0011)_{8421BCD}$

9-7 输入信号 A、B 的波形如图 9-16 所示，试求与门、或门、与非门、或非门、异或门的输出波形。

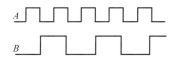

图 9-16　输入信号 A、B 的波形

第 10 章　组合逻辑电路

> **内容提要**：本章介绍组合逻辑电路的特点和分析方法；着重介绍常用中规模集成组合逻辑电路的逻辑功能、使用方法。

10.1　组合逻辑电路的分析

数字电路可分为两种类型：一类是组合逻辑电路（简称组合电路），另一类是时序逻辑电路（简称时序电路）。所谓组合电路是指电路在任一时刻的输出状态只与该时刻各输入状态的组合有关，而与前一时刻的输出状态无关。

组合电路的分析是根据给定的逻辑电路图，求出描述电路输出与输入之间逻辑关系的表达式，列出真值表，分析其逻辑功能。组合电路分析的基本步骤如下：

1）由已知的逻辑图写出输出端逻辑表达式

2）变换和化简逻辑表达式

3）列出逻辑函数真值表

4）根据逻辑函数真值表或逻辑表达式，分析其逻辑功能。

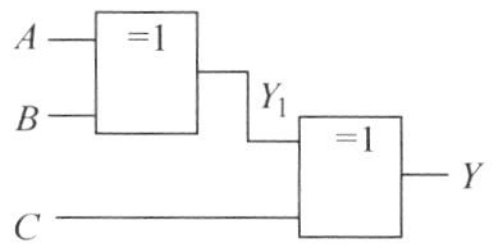

例 10-1　分析图 10-1 所示电路的逻辑功能。

解：1）写出输出端的逻辑表达式为

$$Y_1 = A \oplus B \qquad Y = Y_1 \oplus C$$

图 10-1　例 10-1 的逻辑电路

2）变换和化简逻辑表达式

$$Y = A \oplus B \oplus C = \overline{A}\,\overline{B}C + \overline{A}B\,\overline{C} + A\,\overline{B}\,\overline{C} + ABC \tag{10-1}$$

3）列出逻辑函数真值表。将输入 A、B、C 取值的各种组合代入式（10-1）中，求出输出 Y 的值。由此可列出真值表，见表 10-1。

表 10-1　例 10-1 的真值表

输　　入			输　出	输　　入			输　出
A	B	C	Y	A	B	C	Y
0	0	0	0	1	0	0	1
0	0	1	1	1	0	1	0
0	1	0	1	1	1	0	0
0	1	1	0	1	1	1	1

4）逻辑功能分析。由表 10-1 可看出：在输入 A、B、C 三个变量中，有奇数个 1 时，输出 Y 为 1，否则 Y 为 0。因此，图 10-1 所示电路为奇偶校检电路。

10.2 常用组合逻辑器件

一些组合逻辑集成电路在数字系统中经常被大量地采用。其中常用的有编码器、译码器、数据选择器、数据分配器等。

10.2.1 编码器

将具有特定意义的信息编成相应二进制代码的过程，称为编码。实现编码功能的电路，称为编码器。按照编码方式不同，编码器可分为二进制编码器和二-十进制编码器。按照输入信号是否相互排斥，编码器可分为普通编码器和优先编码器。在普通编码器中，任何时刻只允许输入一个编码信号，否则输出将发生混乱。在同一时刻允许多个信息同时输入，但只对优先级别最高的信号进行编码，这一类编码器称为优先编码器。目前常用的中规模集成编码器都是优先编码器。下面以常用的二进制编码器 74LS148 为例介绍。

二进制编码器有 2^n 个输入端、N 个输出端，满足 $N = 2^n$，因此也称为 2^n 线 $-n$ 线编码器。74LS148 是 8 线-3 线优先编码器，常用于优先中断系统和键盘编码，其引脚如图 10-2 所示。74LS148 的功能表见表 10-2。$\bar{I}_0 \sim \bar{I}_7$ 为输入信号端，$\bar{Y}_0 \sim \bar{Y}_2$ 是三个输出端。74LS148 设置了 3 个附加控制端。$\bar{S}$ 为使能输入端，$\bar{Y}_S$ 为使能输出端，$\bar{Y}_{EX}$ 为扩展输出端。$\bar{S} = 1$ 时编码器不工作，编码器输出 $\bar{Y}_0\ \bar{Y}_1\ \bar{Y}_2 = 111$，且 $\bar{Y}_S = 1$，$\bar{Y}_{EX} = 1$。$\bar{S} = 0$ 时编码器有两种工作情况：

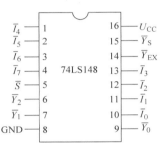

图 10-2 74LS148 引脚图

1）无输入信号要求编码，编码器输出 $\bar{Y}_0\ \bar{Y}_1\ \bar{Y}_2 = 111$，但 $\bar{Y}_S = 0$，$\bar{Y}_{EX} = 1$。

2）有输入信号要求编码，则按优先级别进行编码，此时 $\bar{Y}_S = 1$，$\bar{Y}_{EX} = 0$。

表 10-2 74LS148 的功能表

输入使能端	输入								输出			扩展输出	使能输出
$\bar{S}$	$\bar{I}_7$	$\bar{I}_6$	$\bar{I}_5$	$\bar{I}_4$	$\bar{I}_3$	$\bar{I}_2$	$\bar{I}_1$	$\bar{I}_0$	$\bar{Y}_2$	$\bar{Y}_1$	$\bar{Y}_0$	$\bar{Y}_{EX}$	$\bar{Y}_S$
1	×	×	×	×	×	×	×	×	1	1	1	1	1
0	1	1	1	1	1	1	1	1	1	1	1	1	0
0	0	×	×	×	×	×	×	×	0	0	0	0	1
0	1	0	×	×	×	×	×	×	0	0	1	0	1
0	1	1	0	×	×	×	×	×	0	1	0	0	1
0	1	1	1	0	×	×	×	×	0	1	1	0	1
0	1	1	1	1	0	×	×	×	1	0	0	0	1
0	1	1	1	1	1	0	×	×	1	0	1	0	1
0	1	1	1	1	1	1	0	×	1	1	0	0	1
0	1	1	1	1	1	1	1	0	1	1	1	0	1

在表 10-2 中，输入 $\bar{I}_0 \sim \bar{I}_7$ 低电平有效，$\bar{I}_7$ 为最高优先级，$\bar{I}_0$ 为最低优先级。只要 $\bar{I}_7 = 0$，

不管其他输入端是 0 还是 1，输出只对 $\overline{I_7}$ 编码，且对应的输出为反码有效，$\overline{Y_0}\ \overline{Y_1}\ \overline{Y_2}=000$。

10.2.2　译码器

译码是编码的逆过程，是将表示特定意义信息的二进制代码翻译成对应的信号或十进制数码。实现译码功能的电路称为译码器。常用的译码器有二进制译码器、二-十进制译码器和显示译码器。

1. 二进制译码器

二进制译码器的输入变量为 n 个，输出是 2^n 个高、低电平信号，所以这种译码器也称为 n 线-2^n 线译码器。常用的二进制译码器有：3 线-8 线译码器 54/74LS138、CC74HC138；4 线-16 线译码器 54/74HC154、54/74LS154 等。

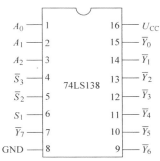

图 10-3 所示为 74LS138 的引脚图。它有三个输入端 A_2、A_1、A_0，8 个输出端 $\overline{Y_0}\sim\overline{Y_7}$（低电平有效），3 个控制端/片选端，其中 S_1 高电平有效，$\overline{S_2}$、$\overline{S_3}$ 低电平有效。

74LS138 译码器功能见表 10-3。74LS138 有如下逻辑功能：

1）当 $S_1=0$ 或 $\overline{S_2}+\overline{S_3}=1$ 时，片选端无效，译码器不工作，输出端 $\overline{Y_0}\sim\overline{Y_7}$ 均为高电平。

2）当 $S_1=1$ 且 $\overline{S_2}+\overline{S_3}=0$ 时，片选端有效，译码器译出三个输入变量的全部状态。

图 10-3　74LS138 引脚图

表 10-3　74LS138 译码器功能

输　　入					输　　出							
S_1	$\overline{S_2}+\overline{S_3}$	A_2	A_1	A_0	$\overline{Y_7}$	$\overline{Y_6}$	$\overline{Y_5}$	$\overline{Y_4}$	$\overline{Y_3}$	$\overline{Y_2}$	$\overline{Y_1}$	$\overline{Y_0}$
×	1	×	×	×	1	1	1	1	1	1	1	1
0	×	×	×	×	1	1	1	1	1	1	1	1
1	0	0	0	0	1	1	1	1	1	1	1	0
1	0	0	0	1	1	1	1	1	1	1	0	1
1	0	0	1	0	1	1	1	1	1	0	1	1
1	0	0	1	1	1	1	1	1	0	1	1	1
1	0	1	0	0	1	1	1	0	1	1	1	1
1	0	1	0	1	1	1	0	1	1	1	1	1
1	0	1	1	0	1	0	1	1	1	1	1	1
1	0	1	1	1	0	1	1	1	1	1	1	1

2. 显示译码器

在数字仪表、计算机和其他数字系统中，常常要把测量数据和运算结果用十进制数显示出来。显示译码器能够把二-十进制代码译成能用显示器件显示的十进制数。

（1）显示器件　常用的显示器件有半导体数码管（简称 LED 数码管）、液晶数码管和荧光数码管等。其中，七段 LED 数码管应用最普遍，它将十进制数码分成七段，每段为一个发光二极管，其位置如图 10-4a 所示。选择不同字段发光，可显示出不同的字形。显示的数字如图 10-4b 所示。

a) 数码显示器　　　　　　　　b) 显示的数字

图 10-4　七段 LED 数码管显示器及显示的数字

　　LED 数码管中七个发光二极管有共阴极和共阳极两种接法，如图 10-5 所示。图 10-5a 所示为共阴极接法，公共端接低电平，某一段接高电平时发光；图 10-5b 所示为共阳极接法，公共端接高电平，某一段接低电平时发光。使用时每个发光二极管要串联限流电阻。

　　（2）七段显示译码器　图 10-6 所示为显示译码器 74LS48 的引脚图。74LS48 的功能表见表 10-4，它有 3 个辅助控制端 $\overline{LT}$、$\overline{I_{BR}}$、$\overline{I_B}/\overline{Y_{BR}}$，4 个输入端 $A_0 \sim A_3$，7 个输出端 $a \sim g$。

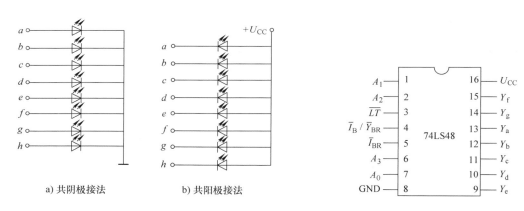

a) 共阴极接法　　　　b) 共阳极接法

图 10-5　LED 数码管两种接法　　　　图 10-6　74LS48 的引脚图

　　$\overline{LT}$ 为试灯输入端，当 $\overline{LT}=0$，$\overline{I_B}/\overline{Y_{BR}}=1$ 时，七段均应亮，显示字形是"8"，该输入端常用于检查译码器及显示器的好坏；当 $\overline{LT}=1$ 时，译码器可正常进行译码显示。

　　$\overline{I_B}$（与 $\overline{Y_{BR}}$ 共用一条引脚）为灭灯输入端，当 $\overline{I_B}=0$ 时，显示器七段均熄灭。

　　$\overline{I_{BR}}$ 为灭零输入端，用来动态灭零。当 $\overline{I_{BR}}=0$ 且 $\overline{LT}=1$，输入 $A_3A_2A_1A_0=0000$ 时，显示器的各段熄灭（输出的零不显示），并使 $\overline{Y_{BR}}=0$；若输入为其他数码，则正常显示。

　　$\overline{Y_{BR}}$（与 $\overline{I_B}$ 共用一条引脚）为灭零输出端，当 $\overline{Y_{BR}}=1$ 时，说明本位处于显示状态；当 $\overline{Y_{BR}}=0$ 时，说明本位为零且处于灭零状态。

表 10-4　74LS48 功能表

数字	输　入						$\overline{I}_B/\overline{Y}_{BR}$	输　　出						
十进制	$\overline{LT}$	$\overline{I}_{BR}$	A_3	A_2	A_1	A_0		a	b	c	d	e	f	g
0	1	1	0	0	0	0	1	1	1	1	1	1	1	0
1	1	×	0	0	0	1	1	0	1	1	0	0	0	0
2	1	×	0	0	1	0	1	1	1	0	1	1	0	1
3	1	×	0	0	1	1	1	1	1	1	1	0	0	1
4	1	×	0	1	0	0	1	0	1	1	0	0	1	1
5	1	×	0	1	0	1	1	1	0	1	1	0	1	1
6	1	×	0	1	1	0	1	0	0	1	1	1	1	1
7	1	×	0	1	1	1	1	1	1	1	0	0	0	0
8	1	×	1	0	0	0	1	1	1	1	1	1	1	1
9	1	×	1	0	0	1	1	1	1	1	0	0	1	1
灭灯	×	×	×	×	×	×	0	0	0	0	0	0	0	0
灭零	1	0	0	0	0	0	0	0	0	0	0	0	0	0
试灯	0	×	×	×	×	×	1	1	1	1	1	1	1	1

10.2.3　数据选择器和数据分配器

在多路数据传输过程中，经常需要将其中一路信号挑选出来进行传输，这就需要用数据选择器。在数据选择器中，通常用地址输入信号来完成挑选数据的任务，如一个 4 选 1 的数据选择器，两个地址输入端有 4 种不同的组合，每一种组合可选择对应的一路输入数据输出。而多路数据分配器的功能正好和数据选择器的相反，它是根据地址码的不同，将一路数据分配到相应的一个输出端上输出。

1. 数据选择器

图 10-7 所示为 8 选 1 数据选择器 74LS151 的逻辑功能示意图。图中，$D_7 \sim D_0$ 为数据输入端；$A_2 \sim A_0$ 为地址信号输入端；Y 和 $\overline{Y}$ 为互补输出端；$\overline{ST}$ 为使能端，低电平有效。其功能表见表 10-5。

表 10-5　74LS151 的功能表

输　入				输　出	
$\overline{ST}$	A_2	A_1	A_0	Y	$\overline{Y}$
1	×	×	×	0	1
0	0	0	0	D_0	$\overline{D}_0$
0	0	0	1	D_1	$\overline{D}_1$
0	0	1	0	D_2	$\overline{D}_2$
0	0	1	1	D_3	$\overline{D}_3$
0	1	0	0	D_4	$\overline{D}_4$
0	1	0	1	D_5	$\overline{D}_5$
0	1	1	0	D_6	$\overline{D}_6$
0	1	1	1	D_7	$\overline{D}_7$

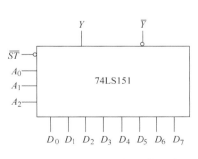

图 10-7　74LS151 的逻辑功能示意图

当 $\overline{ST}=1$ 时，输出 $Y=0$ ，数据选择器不工作。

当 $\overline{ST}=0$ 时，数据选择器工作，这时根据输入地址，选择一路数据输出。

2. 数据分配器

数据分配器是数据选择器的逆过程。需要说明的是，半导体芯片生产厂家并不生产数据分配器。实际使用中，通常是用二进制译码器来实现数据分配的功能，数据分配器是译码器的一种特殊应用。图 10-8 所示是用 74LS138 译码器作为数据分配器的逻辑原理图。其中译码器的 $\overline{S}_3$ 接地，S_1 作为片选端，$\overline{S}_2$ 作为数据输入端，A_2、A_1 和 A_0 是地址输入端，从输出端 $\overline{Y}_0 \sim \overline{Y}_7$ 得到传输的数据。

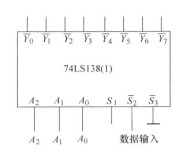

图 10-8　用 74LS138 作为数据分配器

本 章 小 结

1. 组合逻辑电路的特点是任一时刻的输出信号仅由该时刻输入信号决定，只有逻辑运算功能，而没有存储或记忆功能。

2. 组合逻辑电路的分析步骤：已知逻辑图→根据逻辑图写逻辑函数表达式→运用逻辑代数化简或变换得到最简表达式→列逻辑状态表→分析逻辑功能。

3. 编码、译码、数据选择、数据分配及译码显示电路是常用的组合逻辑电路。

思考与习题

10-1　组合逻辑电路有什么特点？如何分析组合逻辑电路？

10-2　什么是编码和译码？编码器和译码器在电路组成上有什么不同？

10-3　分析图 10-9 所示的组合逻辑电路，写出其输出逻辑函数表达式，指出该电路执行的逻辑功能。

10-4　分析图 10-10 所示的组合逻辑电路。

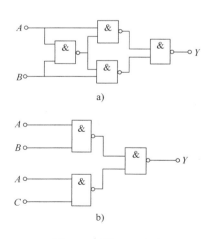

图 10-9　题 10-3 电路

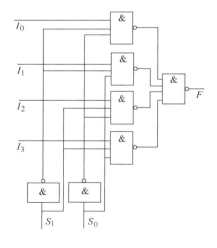

图 10-10　题 10-4 电路

第 11 章　时序逻辑电路

> **内容提要：** 本章将介绍具有记忆功能的 RS、JK、D 三种类型触发器，以及由触发器为基本单元构成的寄存器、计数器等常用时序逻辑电路及其应用。

11.1　触发器

数字电路可以分为两大类：一类是前面介绍过的组合逻辑电路，另一类就是时序逻辑电路。与组合逻辑电路不同，时序逻辑电路的特点是：任意时刻的输出状态不仅取决于当时的输入信号，还与电路原来的状态有关，即时序逻辑电路具有记忆功能。实现记忆功能的器件是触发器，触发器是时序逻辑电路的基本组成单元。触发器有两种稳定输出工作状态，能够存储一位二进制代码。触发器的种类很多，按逻辑功能的不同可分为 RS 触发器、D 触发器、JK 触发器等；按电路结构的不同可分为基本 RS 触发器、钟控 RS 触发器、主从触发器、边沿触发器等。

11.1.1　基本 RS 触发器

基本 RS 触发器是所有触发器中结构最简单的，也是构成其他功能触发器的最基本单元。

1. 电路结构和逻辑符号

如图 11-1a 所示，基本 RS 触发器由两个与非门将其输入与输出端交叉连接而构成。$\bar{S}$、$\bar{R}$ 为两个输入端，$\bar{S}$ 称为置 1（置位）输入端，$\bar{R}$ 称为置 0（复位）输入端。Q 与 $\bar{Q}$ 为两个互补输出端，规定触发器 Q 端状态为触发器的状态，即当 $Q=1$、$\bar{Q}=0$ 时，称为触发器的 1 状态；当 $Q=0$、$\bar{Q}=1$ 时，称为触发器处于 0 状态。基本 RS 触发器的逻辑符号如图 11-1b 所示，图中输入端的小圆圈表示低电平有效。

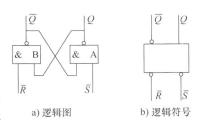

a) 逻辑图　　b) 逻辑符号

图 11-1　基本 RS 触发器的
逻辑图和符号

2. 逻辑功能分析

当 $\bar{R}=0$、$\bar{S}=1$ 时，与非门 B 的输出 $\bar{Q}=1$，与非门 A 的输入均为高电平，使 $Q=0$，并且由于 Q 反馈连接到与非门 B 的输入端，因此即使 $\bar{R}=0$ 信号消失（即 $\bar{R}$ 回到 1），电路仍能保持 0 状态不变。$\bar{R}$ 端加入有效的低电平可使触发器置 0，故 $\bar{R}$ 端称为置 0 端。

当 $\bar{R}=1$、$\bar{S}=0$ 时，触发器置 1 并且在 $\bar{S}=0$ 信号消失后，电路仍能保持 1 状态。$\bar{S}$ 端加入有效的低电平使触发器置 1，故 $\bar{S}$ 端称为置 1 端。

当 $\bar{R}=\bar{S}=1$ 时，电路维持原来的状态不变。例如 $Q=1$、$\bar{Q}=0$，与非门 A 由于 $\bar{Q}=0$ 而使 Q 保持 1，与非门 B 则由于 $Q=1$、$\bar{R}=1$ 而继续输出 $\bar{Q}=0$。

当 $\bar{R}=\bar{S}=0$ 时，$Q=\bar{Q}=1$。对于触发器来说，破坏了两个输出端信号互补的规则，是一种不正常状态。若该状态结束后，跟随的是 $\bar{R}$ 有效（$\bar{R}=0$、$\bar{S}=1$）或 $\bar{S}$ 有效（$\bar{R}=1$、$\bar{S}=0$）的情况，那么触发器进入正常的 0 或 1 状态。但是若 $\bar{R}=\bar{S}=0$ 信号消失后，$\bar{R}$ 和 $\bar{S}$ 都没有有效信号输入，即为 $\bar{R}=\bar{S}=1$，则触发器是 0 状态还是 1 状态将无法确定，故称为不定状态。因此正常工作时，是不允许 $\bar{R}$ 和 $\bar{S}$ 同时为 0 的，并以此作为输入端加信号的约束条件。

3. 逻辑功能描述

（1）真值表　触发器在接收信号之前所处的状态称为现态，用 Q^n 表示，在接收信号之后建立的新状态称为次态，用 Q^{n+1} 表示。基本 RS 触发器的真值表见表 11-1。简化的真值表见表 11-2。

表 11-1　基本 RS 触发器的真值表

$\bar{R}$	$\bar{S}$	Q^n	Q^{n+1}
0	0	0	×
0	0	1	×
0	1	0	0
0	1	1	0
1	0	0	1
1	0	1	1
1	1	0	0
1	1	1	1

表 11-2　简化的基本 RS 触发器真值表

$\bar{R}$	$\bar{S}$	Q^{n+1}	说明
0	0	×	不定
0	1	0	置0
1	0	1	置1
1	1	Q^n	保持

（2）时序图　时序图也称为波形图。一般先设初始状态 Q 为 0，然后根据给定的输入信号波形，画出相应输出端 Q 或 $\bar{Q}$ 的波形。基本 RS 触发器时序图如图 11-2 所示。

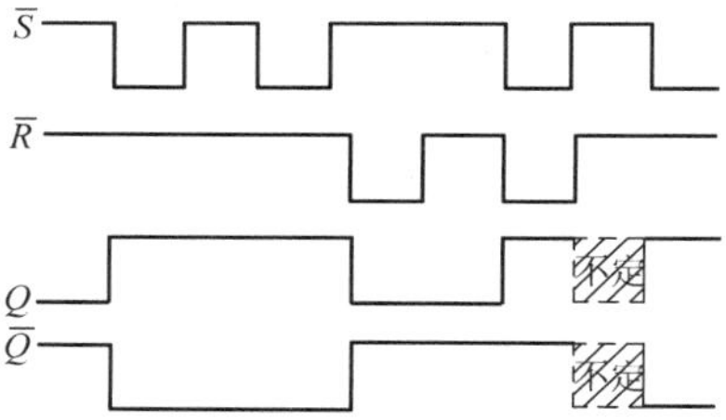

图 11-2　基本 RS 触发器时序图

11.1.2　钟控 RS 触发器

在实际数字系统中，经常要求各逻辑器件协调一致地动作，这个用来协调各器件之间动作的控制信号称为时钟脉冲，用 CP（Clock Pulse）表示。只有 CP 信号到来时，触发器才能按输入信号动作，否则触发器保持。带有时钟信号的触发器称为钟控触发器。由与非门构成的钟控 RS 触发器电路及逻辑符号如图 11-3 所示。

当 $CP=0$ 时，与之连接的两个与非门被封锁，$\bar{R}=\bar{S}=1$，即不论 R、S 如何变化均不会影响触发器输出，触发器状态保持不变。当 $CP=1$ 时，与之连接的两个与非门打开，输入信号 R、S 经反相后加到基本 RS 触发器上，使 Q 和 $\bar{Q}$ 的状态跟随 R、S 的状态而改变。$CP=1$ 时，钟控 RS 触发器的真值表见表 11-3。

表 11-3　钟控 RS 触发器的真值表

R	S	Q^{n+1}	说明	R	S	Q^{n+1}	说明
0	0	Q^n	保持	1	0	0	置0
0	1	1	置1	1	1	×	不定

钟控 RS 触发器时序图如图 11-4 所示，当 $CP=1$ 时其画法和基本 RS 触发器相同，当 $CP=0$ 时，触发器保持不变。

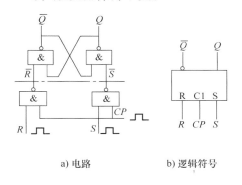
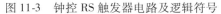

a) 电路　　　　b) 逻辑符号

图 11-3　钟控 RS 触发器电路及逻辑符号

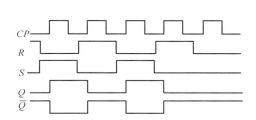

图 11-4　钟控 RS 触发器时序图

11.1.3　JK 触发器

JK 触发器是一种功能完善，应用极广泛的触发器，其逻辑符号如图 11-5 所示。其中 CP 为时钟信号输入端。CP 端的"∧"符号表示触发器是边沿触发的，靠近方框处的小圆圈表明该触发器是下降沿触发的。JK 触发器的真值表见表 11-4。

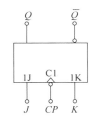

图 11-5　JK 触发器逻辑符号

表 11-4　JK 触发器的真值表

J	K	Q^{n+1}	说明
0	0	Q^n	保持
0	1	0	置0
1	0	1	置1
1	1	$\overline{Q^n}$	翻转

JK 触发器的时序图如图 11-6 所示。在画边沿触发器的波形图时，应注意两点：

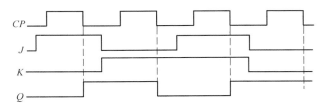

图 11-6　JK 触发器时序图

1）触发器的触发翻转发生在时钟脉冲的触发沿（这里是下降沿）。

2）判断触发器次态的依据是时钟脉冲触发沿前一瞬间（这里是下降沿前一瞬间）输入端的状态。而在 CP 周期的其他时刻，触发器的状态因无触发信号而保持不变。

11.1.4　D 触发器

上升沿触发的 D 触发器逻辑符号如图 11-7 所示。D 触发器的真值表见表 11-5。

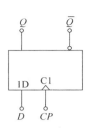

图 11-7　D 触发器逻辑符号

表 11-5　D 触发器的真值表

D	Q^{n+1}	功能说明
0	0	置 0
1	1	置 1

已知 CP 和 D 的波形，可画出 D 触发器的时序图如图 11-8 所示。

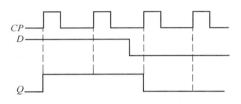

图 11-8　D 触发器的时序图

11.2　计数器

　　用以统计输入脉冲个数的电路称为计数器。计数器是数字应用系统中使用最多的时序电路。它不但用于对时钟脉冲计数，还广泛用于分频、定时、产生节拍脉冲及数字计算等方面。

　　计数器的种类很多。按触发方式分，可分为同步计数器和异步计数器；按计数容量分，可分为二进制计数器和非二进制计数器；按计数值的增减分，可分为加法计数器、减法计数器和可逆计数器。

11.2.1　二进制计数器

　　图 11-9 所示为由 JK 触发器组成的 4 位异步二进制加法计数器的逻辑图。计数前在计数器的置 0 端 $\overline{R}_{D}$ 上加负脉冲，使各触发器都为 0 状态，即 $Q_3Q_2Q_1Q_0 = 0000$ 状态。在计数过程中，$\overline{R}_{D}$ 为高电平。

　　图 11-9 中每位触发器都接成 $J = K = 1$，即每来一个触发脉冲翻转一次。最低位由计数脉冲触发，其余低位触发器的输出作为相邻高位触发器的时钟脉冲，使每个高位触发器的翻转出现在相邻低位从 1 跳转为 0 时，以此实现"逢二进一"。4 位二进制加法计数器状态表见表 11-6。图 11-10

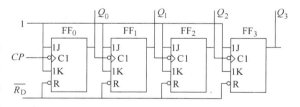

图 11-9　4 位异步二进制加法计数器逻辑图

所示为 4 位二进制加法计数器的时序图。可以看出：当输入第 16 个计数脉冲 CP 时，4 个触发器都返回到初始 $Q_3Q_2Q_1Q_0 = 0000$ 的状态，计数器又开始了新的计数循环，该电路为十六进制计数器。

表 11-6　4 位二进制加法计数器状态表

计数顺序	计数器状态				计数顺序	计数器状态			
	Q_3	Q_2	Q_1	Q_0		Q_3	Q_2	Q_1	Q_0
0	0	0	0	0	9	1	0	0	1
1	0	0	0	1	10	1	0	1	0
2	0	0	1	0	11	1	0	1	1
3	0	0	1	1	12	1	1	0	0
4	0	1	0	0	13	1	1	0	1
5	0	1	0	1	14	1	1	1	0
6	0	1	1	0	15	1	1	1	1
7	0	1	1	1	16	0	0	0	0
8	1	0	0	0					

11.2.2　十进制计数器

图 11-11 所示为集成十进制同步加计数器 74LS160 的引脚图。74LS160 的功能表见表 11-7。

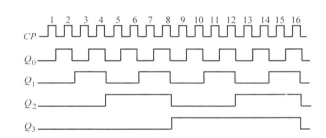

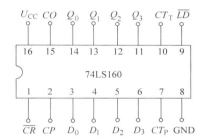

图 11-10　4 位二进制加法计数器的时序图　　　　图 11-11　74LS160 的引脚图

十进制同步加计数器 74LS160 功能包括：

（1）异步清零　当 $\overline{CR}=0$ 时，计数器清零。这种不受时钟脉冲控制的清零方式称为异步清零。

（2）同步置数　当 $\overline{LD}=0$ 且在 CP 上升沿时，预置好的数据 $d_3d_2d_1d_0$ 被并行送到输出端，此时 $Q_3Q_2Q_1Q_0 = d_3d_2d_1d_0$，计数器置数。这种需要时钟脉冲配合的置数方式称为同步置数。

（3）保持　在 $\overline{CR}=1$、$\overline{LD}=1$ 时，CT_P 和 CT_T 中至少有一个为 0，则计数器保持。

（4）计数　当 $\overline{CR}=\overline{LD}=1$，且 $CT_P=CT_T=1$ 时，在 CP 上升沿作用下计数器计数。

表 11-7　74LS160 功能表

输　入									输　出
$\overline{CR}$	$\overline{LD}$	CT_P	CT_T	CP	D_3	D_2	D_1	D_0	$Q_3\,Q_2\,Q_1\,Q_0$
0	×	×	×	×	×	×	×	×	0 0 0 0
1	0	×	×	↑	d_3	d_2	d_1	d_0	$d_3\,d_2\,d_1\,d_0$
1	1	1	1	↑	×	×	×	×	计数
1	1	0	×	×	×	×	×	×	保持
1	1	×	0	×	×	×	×	×	保持

11.3　寄存器

在数字系统中，经常需要将一些数据、指令存储起来，这就要用到寄存器。寄存器按其功能可分成数据寄存器和移位寄存器两大类。数据寄存器能存放一组二进制数据，用 N 个触发器就可以构成 N 位数据寄存器。移位寄存器除了具有数据寄存器的功能外，还具有移位功能，即在移位脉冲作用下，寄存器中的数据可依次向左或向右移动。

11.3.1　数据寄存器

数据寄存器具有接收数据、存放数据和传送数据的功能。

图 11-12 所示为由 D 触发器组成的 4 位数据寄存器。在 CP 作用下，将存入的 4 位数据从数据输入端 $D_0 \sim D_3$ 并行存入数据输出端 $Q_0 \sim Q_3$。

11.3.2　移位寄存器

具有存放数码和使数码逐位右移或左移的电路称为移位寄存器。移位寄存器又分为单向移位寄存器和双向移位寄存器。

图 11-13 所示为由 4 个 D 触发器组成的右移移位寄存器。其中触发器 FF$_0$ 的输入端 D_0 接收外加数据，其余的触发器输入端均与前一级的输出端 Q 相连。D_0 为串行输入端，$Q_0 \sim Q_3$ 为并行输出端，Q_3 为串行输出端。

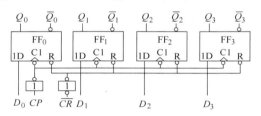

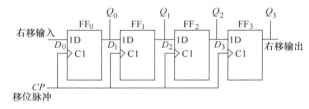

图 11-12　D 触发器组成 4 位数据寄存器　　　图 11-13　由 4 个 D 触发器组成的右移移位寄存器

根据 D 触发器的特点，当时钟脉冲沿到来时输出端的状态与输入端状态相同。所以每来一个 CP 脉冲都会引起所有触发器状态向右移动一位。设串行输入数码 $D_1 = 1101$，右移工作过程示意图如图 11-14 所示。来 4 个时钟脉冲后，移位寄存器就存储了四位二进制信息。因此，移位寄存器可实现数据的串行-并行转换。

移位寄存器中的数码可由 Q_3、Q_2、Q_1 和 Q_0 并行输出，也可从 Q_3 串行输出，串行输出时需要继续输入 4 个移位脉冲才能从寄存器中取出存放的 4 位数码 1101。

由以上分析可知，移位寄存器可用作串行输入、串行输出与并行输出。

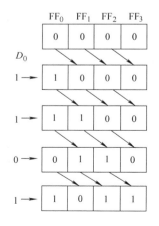

图 11-14　右移工作过程示意图

11.4　时序逻辑电路的应用

数字钟是时序逻辑电路的典型应用实例,其原理图如图 11-15 所示。它由如下 4 部分组成。

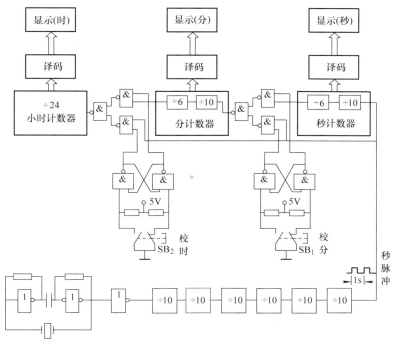

图 11-15　数字钟原理图

1. 秒脉冲产生电路

石英晶体产生 1MHz 的脉冲信号,经六个十进制计数器进行六级十分频后,得到标准的秒信号。

2. 计时电路

包括两个六十进制(秒、分)计数器和一个二十四进制(时)计数器,完成计时功能。

3. 译码、显示电路

将计时信号经译码器译码后送入显示器显示。

4. 校时电路

由门电路构成两个二选一数据选择器。当 SB₁、SB₂ 两个按钮均不按下时,数字钟处于正常计时状态;当按下 SB₁ 按钮,秒信号经数据选择器直接进入分计数器,对"分"进行快速校对,同理当按下 SB₂ 按钮,可进行"时"的快速校对。

本　章　小　结

1. 触发器是一种能记忆、存储一位二进制信息 0 或 1 的电路,有互补的输出,它是组成时序逻辑电路的基本单元电路。

2. 本章介绍的触发器有基本 RS 触发器、钟控 RS 触发器、D 触发器和 JK 触发器等。学习中应重点掌握触发器的逻辑符号、逻辑功能及特点，熟悉常用触发器芯片的型号和使用。

3. 时序逻辑电路在某一时刻的输出不仅取决于该时刻的输入信号，而且还与它原来的状态有关，是一种具有记忆功能的逻辑电路，其应用十分广泛。

4. 时序电路的功能可以用真值表、波形图来描述。

5. 常用的时序逻辑电路有计数器和寄存器。因为它们的种类多、功能全，学习中应重点掌握它们的逻辑功能和使用方法。

思考与习题

11-1 说明时序逻辑电路在功能上和结构上与组合逻辑电路有何不同之处。

11-2 电路如图 11-16 所示，试画出各输出端的波形。

11-3 试画出图 11-17 中触发器输出 Q 和 $\overline{Q}$ 的波形（输入波形如图所示）。

11-4 设触发器初态为 0，试画出图 11-18 中的输出波形（输入波形如图所示）。

11-5 设触发器初态为 0，试画出图 11-19 中的输出波形（输入波形如图所示）。

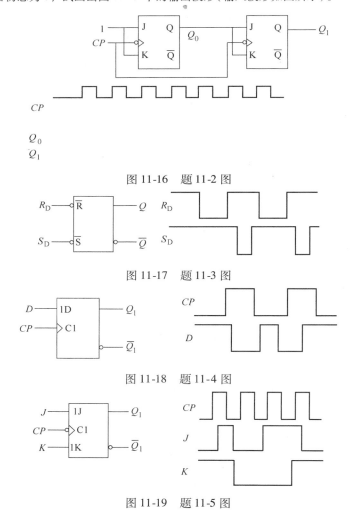

图 11-16　题 11-2 图

图 11-17　题 11-3 图

图 11-18　题 11-4 图

图 11-19　题 11-5 图

第12章 脉冲波形的产生和变换

> **内容提要:** 本章首先介绍555定时器的结构和功能,然后介绍用555定时器构成施密特触发器、单稳态触发器和多谐振荡器的方法及其应用。

12.1 555定时器

555定时器是一种模拟电路和数字电路相结合的中规模集成电路。只要外接少量的阻容元件,就可以用来产生脉冲,可进行脉冲的整形、展宽、调制等。因而在信号的产生与变换、自动检测及控制、定时和报警、家用电器、电子玩具等方面得到了极为广泛的应用。

1. 555定时器的组成

555定时器电路和引脚图如图12-1所示。它由分压器(由3个5kΩ电阻组成,555由此而得名),C_1、C_2两个电压比较器,基本RS触发器,放电管VT和输出缓冲门组成。6号与2号引脚为触发输入端,3号引脚 OUT 为输出端。

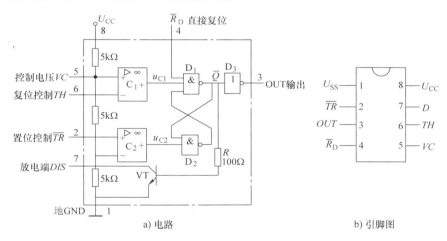

a) 电路　　　　　　　b) 引脚图

图 12-1　555定时器电路和引脚图

2. 555定时器的工作原理

当复位控制端 TH 的输入电压大于 $\frac{2}{3}U_{CC}$,且置位控制端 $\overline{TR}$ 的输入电压大于 $\frac{1}{3}U_{CC}$ 时,比较器 C_1 输出为低电平,C_2 输出为高电平,C_1 输出的低电平将 RS 触发器置为 0 状态,$OUT=0$,同时放电管 VT 导通;当高触发端 TH 的电压小于 $\frac{2}{3}U_{CC}$,且低触发端 $\overline{TR}$ 的电压小于 $\frac{1}{3}U_{CC}$ 时,比较器 C_2 输出为低电平,C_1 输出为高电平,C_2 输出的低电平将 RS 触发器置为 1

状态，$OUT=1$，同时放电管 VT 截止；当高触发端 TH 的电压小于 $\frac{2}{3}U_{CC}$，且低触发端 $\overline{TR}$ 的电压大于 $\frac{1}{3}U_{CC}$ 时，比较器 C_1、C_2 输出均为高电平，定时器的输出和放电管 VT 的状态保持不变。根据以上分析，可以得到 555 定时器的功能表见表 12-1。

表 12-1　555 定时器的功能表

输　　　入			输出和 VT 状态	
TH	$\overline{TR}$	$\overline{R}_D$	OUT	VT
×	×	0	0	导通
$>\frac{2}{3}U_{CC}$	$>\frac{1}{3}U_{CC}$	1	0	导通
$<\frac{2}{3}U_{CC}$	$<\frac{1}{3}U_{CC}$	1	1	截止
$<\frac{2}{3}U_{CC}$	$>\frac{1}{3}U_{CC}$	1	保持	

12.2　单稳态触发器

单稳态触发器具有一个稳定状态和一个暂稳状态，无触发时电路处于稳定状态。在外来脉冲触发下，电路由稳定状态转换为暂稳状态，暂稳状态维持一定时间后便会自动返回到稳态状态。暂稳状态维持时间的长短取决于电路本身的参数，与触发脉冲的宽度和幅度无关。单稳态触发器主要应用于定时、整形及延时等。

12.2.1　用 555 定时器构成单稳态触发器

如图 12-2a 所示，将低触发端 $\overline{TR}$ 作为输入端 u_1，再将高触发端 TH 和放电管输出端 D 并接在一起，并与定时元件 R、C 连接，就可以构成一个单稳态触发器。

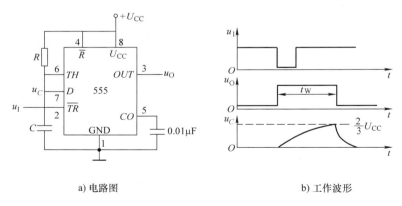

a) 电路图　　　　　　　　　　　b) 工作波形

图 12-2　555 定时器构成的单稳态触发器电路图及工作波形

稳态时，u_I 为高电平。接通电源后，电源通过 R 对电容充电，u_C 上升到 $\frac{2}{3}U_{CC}$（$TH = u_C$），使输出为 0，放电管 VT 导通。电容放电，TH 变为 0，因而电路维持原状态，即稳态 $u_O = 0$。

当触发器 u_I 的下降沿到来时，由于 $\overline{TR}$ 的电压小于 $\frac{1}{3}U_{CC}$，$TH = u_C = 0$，输出端 OUT 为高电平，电路进入暂稳态，此时放电管 VT 截止。U_{CC} 通过 R 对 C 充电，当 TH 的电压等于 $u_C > \frac{2}{3}U_{CC}$ 时（此时触发信号已撤销，$u_I = 1$），输出端 OUT 跳变为低电平，电路自动返回稳态，此时放电管 VT 导通。C 通过导通的放电管 VT 放电，使电路迅速恢复到初始状态。电路的工作波形如图 12-2b 所示。

12.2.2　单稳态触发器的应用

1. 脉冲延时

如图 12-3 所示，经过单稳态触发器的延迟，u_O 的下降沿比输入信号 u_I 的下降沿延迟了 t_W 的时间，达到了脉冲延时的目的。

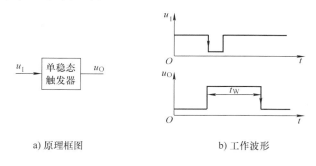

　　a) 原理框图　　　　　　　　b) 工作波形

图 12-3　单稳态触发器的脉冲延时电路

2. 脉冲定时

如图 12-4 所示，利用单稳态触发器的输出作为与门的一个输入信号，使得与门的另一个输入信号 u_A 在暂稳态高电平的 t_W 期间才能通过，达到定时的目的。

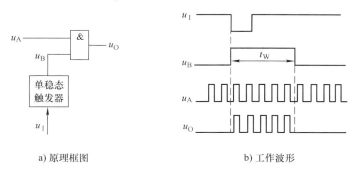

　　a) 原理框图　　　　　　　　b) 工作波形

图 12-4　单稳态触发器的脉冲定时电路

12.3　施密特触发器

施密特触发器是脉冲波形变换中经常使用的一种电路，它的电压传输特性如图 12-5 所示，其在性能上有以下两个重要的特点：

1）滞回特性，即对于正向和负向变化的输入信号分别有不同的阈值电压，并且输入信号小时阈值电压大，输入信号大时阈值电压小，因而抗干扰能力强。

2）在电路状态转换时，通过电路内部的正反馈过程使输出电压波形的边沿变得十分陡峭。

利用这两个特点不仅能将边沿变化缓慢的信号波形整形为边沿陡峭的矩形波，而且可以将叠加在矩形脉冲高、低电平上的噪声有效地加以清除。

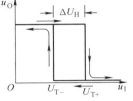

图 12-5　施密特触发器的电压传输特性

12.3.1　用 555 定时器构成施密特触发器

555 定时器构成的施密特触发器如图 12-6 所示，将 555 定时器的高触发端 TH 和低触发端 $\overline{TR}$ 连在一起作为输入端 u_I，就可以构成一个反相输出的施密特触发器。

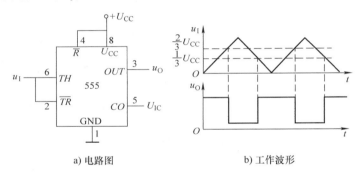

a) 电路图　　　　　　　　b) 工作波形

图 12-6　555 定时器构成的施密特触发器

设输入信号 u_I 为三角波。当 $u_I < \frac{1}{3}U_{CC}$ 时，输出 $u_O = 1$；当 $\frac{1}{3}U_{CC} < u_I < \frac{2}{3}U_{CC}$ 时，输出保持为 1；当 $u_I > \frac{2}{3}U_{CC}$ 时，输出翻转为 $u_O = 0$。之后 u_I 继续变化，在未下降到 $\frac{1}{3}U_{cc}$ 之前，输出仍为 0；当 $u_I < \frac{1}{3}U_{CC}$ 时，输出翻转为 $u_O = 1$，工作波形如图 12-6b 所示。

由分析可见电路两次翻转阈值电压不同，上限阈值电压 $U_{T+} = \frac{2}{3}U_{CC}$，下限阈值电压 $U_{T-} = \frac{1}{3}U_{CC}$，回差电压 $\Delta U = \frac{1}{3}U_{CC}$。

12.3.2　施密特触发器应用

1. 用于波形变换

利用施密特触发反相器可以把幅度变化的周期性信号变换为边沿很陡的矩形脉冲信号。施密特触发器用于波形变换如图 12-7 所示，可将正弦输入信号转换为矩形脉冲输出信号。

2. 用于脉冲整形

在数字系统中，矩形脉冲经传输后往往发生波形畸变，图 12-8 给出了几种常见的情况。只要施密特触发器的阈值电压设置合适，都可以使用施密特触发器整形而获得比较理想的矩形脉冲波形。

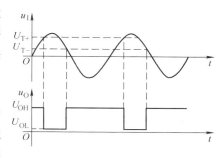

图 12-7　施密特触发器用于波形变换

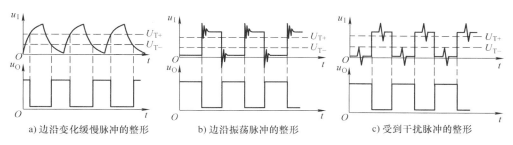

a) 边沿变化缓慢脉冲的整形　　　　b) 边沿振荡脉冲的整形　　　　c) 受到干扰脉冲的整形

图 12-8　用施密特触发反相器实现脉冲整形

12.4　多谐振荡器

多谐振荡器是一种典型的矩形脉冲产生电路，在接通电源后，无需外加触发信号便能自动地产生矩形脉冲信号。由于输出的矩形波中含有多种高次谐波分量，所以称为多谐振荡器。

12.4.1　用 555 定时器构成多谐振荡器

利用 555 定时器构成的多谐振荡器电路和工作波形如图 12-9 所示。

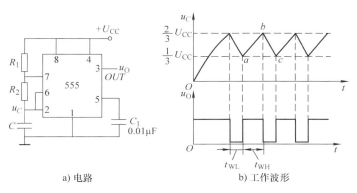

a) 电路　　　　b) 工作波形

图 12-9　由 555 定时器构成的多谐振荡器电路和工作波形

接通电源后，电容 C 被充电，在未上升至 $\frac{2}{3}U_{CC}$ 之前，输出端 $u_O = 1$，放电管 VT 处于截止状态；当 u_C 上升到 $\frac{2}{3}U_{CC}$ 时，输出翻转为 $u_O = 0$，同时放电管 VT 导通，电容 C 通过 R_2 和 VT 放电，使得 u_C 下降，在下降至 $\frac{1}{3}U_{CC}$ 之前，输出保持为 0；当 u_C 下降到 $\frac{1}{3}U_{CC}$ 时，输出翻转为 $u_O = 1$，放电管 VT 截止，电容 C 重新充电，使 u_C 上升。如此周而复始，电路便振荡起来。电路的工作波形如图 12-9b 所示。其振荡周期为

$$T = t_{WL} + t_{WH} = 0.7(R_1 + 2R_2)C$$

12.4.2　多谐振荡器的应用举例

如图 12-10 所示，是用两个 555 定时器构成的延时报警器。当开关 S 断开后，经过一定的延迟时间后，扬声器开始发声。如果在延迟时间以内开关 S 重新闭合，则扬声器不会发出声音。

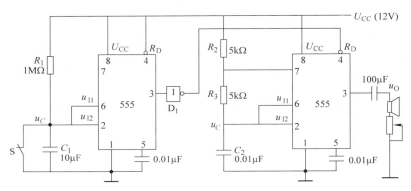

图 12-10　延时报警器

本 章 小 结

1. 矩形脉冲的产生电路分为两类：一类是脉冲整形电路，它们虽然不能自动产生脉冲信号，但能把其他形状的周期性信号变换为所要求的矩形脉冲信号，即通过整形获得矩形脉冲信号，施密特触发器和单稳态触发器是最常用的两种整形电路；另一类是自激的脉冲振荡器，它们不需要外加输入信号，只要接通供电电源，就自动产生矩形脉冲信号，多谐振荡器就是最典型的矩形脉冲信号的自动产生电路。

2. 555 定时器是一种用途很广的集成电路，可以很方便地构成施密特触发器、单稳态触发器和多谐振荡器。

3. 集成施密特触发器具有波形变换、脉冲整形等应用功能；集成单稳态触发器具有脉冲延时、脉冲定时等应用功能。

思考与习题

12-1　试比较多谐振荡器、单稳态触发器、施密特触发器的工作特点，并说明每种电路的主要用途。

12-2　由 555 定时器构成的多谐振荡器如图 12-11 所示。已知 $U_{CC} = 12V$、$C = 0.1\mu F$、$R_1 = 15k\Omega$、$R_2 = 22k\Omega$。试求：

（1）多谐振荡器的振荡周期。（2）画出 u_C 和 u_0 波形。

12-3　图 12-12 所示为由 555 定时器构成的施密特触发器。已知 $U_{CC} = 12V$，试求：

（1）电路的正向阈值电压 U_{T+}、负向阈值电压 U_{T-} 以及回差电压 ΔU。

（2）画出 u_0 波形。

12-4　图 12-13 是一防盗报警电路，a、b 两点间有一细铜丝。将细铜丝置于盗窃者必经之路，被碰断时扬声器立即发出报警。试分析电路的工作原理，并说明 555 定时器接成了何种电路？

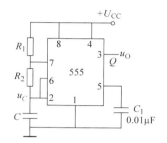

图 12-11　题 12-2 图

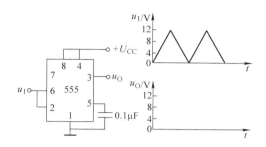

图 12-12　题 12-3 图

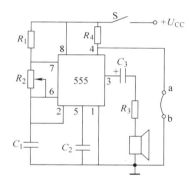

图 12-13　题 12-4 图

第 13 章　半导体存储器和可编程逻辑器件

> **内容提要：** 本章主要讲述各种半导体存储器的工作原理及特点，可编程逻辑器件（PLD）的分类、电路结构与工作原理。

13.1　半导体存储器

半导体存储器是现代数字系统特别是计算机系统中的重要组成部件，它可用来存储数据、资料、程序等二进制信息。

半导体存储器的种类很多，从存、取功能的角度可分为只读存储器（Read-only Memory，ROM）和随机存取存储器（Random Access Memory，RAM）两大类。

13.1.1　只读存储器（ROM）

ROM 用来存储二进制信息，其数据一旦写入，在正常工作时，只能重复读取所存内容，而不能改写。存储器内容在断电后不会消失，常用来存放固定的资料及程序。

ROM 器件按存储内容的不同可分为掩膜 ROM 和可编程 ROM，可编程 ROM 又分为一次可编程 ROM、光可擦除可编程 ROM、电可擦除可编程 ROM 和快闪存储器。

ROM 结构框图如图 13-1 所示。它主要由地址译码器、存储矩阵及输出缓冲器三部分组成。

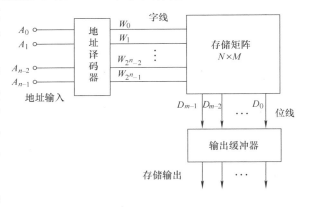

如图 13-1 所示，存储矩阵的每个信息单元中固定存放着由若干位组成的二进制数码，称为字。地址译码器译码之后有 2^n 个输出信息，每个输出信息对应一个字，W_0、W_1、$\cdots$、W_{2^n-1} 称为字线。每个字有 m 位，从 D_0、D_1、$\cdots$、D_{m-1} 输出，称为位线。可见，存储器的容量为 $2^n \times m$（字线×位线）。

图 13-1　ROM 结构框图

1. 掩膜 ROM

掩膜 ROM 在出厂时内部存储的数据就已经"固化"在里边了。ROM 中的存储体一般可以由二极管、晶体管或 MOS 管来实现。图 13-2 所示为二极管 ROM 电路。当地址码 A_1A_2 = 00 时，译码输出使该字线为高电平，与其相连接的二极管都导通，把高电平"1"送到位线上，于是 D_3、D_0 端得到高电平"1"，同时其他字线都是低电平，与它们相连的二极管都不导通，故 D_1、D_2 端是低电平"0"。这样，在 $D_3D_2D_1D_0$ 端读到一个字 1001，它就是该矩阵第一行输出的存储数据。同理该矩阵第二、三、四行分别存储了 0111、1110 和 0101。

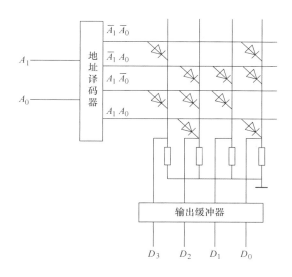

图 13-2　二极管 ROM 电路

2. 一次可编程 ROM

固定 ROM 在出厂前已经写好了内容，限制了用户的灵活性，一次可编程 ROM（PROM）出厂前，存储单元中的内容全为 1（或全为 0）。用户在使用时可以根据需要，将某些单元的内容改为 0（或改为 1），此过程称为编程。图 13-3 所示是 PROM 的可编程存储单元，二极管前端串有熔丝，在没有编程前，存储矩阵中的全部存储单元的熔丝都是连通的，即每个单元存储的都是 1。用户使用时，只需按自己的需要，借助一定的编程工具，将某些存储单元上的熔丝用大电流烧断，该单元存储的内容就变为 0。熔丝烧断后不能再接上，故 PROM 只能进行一次编程。

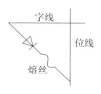

图 13-3　PROM 的可编程存储单元

3. 光可擦除可编程 ROM

PROM 只能编程一次，可擦除可编程 ROM 克服了 PROM 的缺点，当所存数据需要更新时，可以用特定的方法擦除并重写。最早出现的是用紫外线照射擦除的 EPROM。芯片的封装外壳装有透明的石英盖板。当用紫外线照射后，存储内容被整片擦除，之后可以再次编程。数据写入后，需用不透明的胶带将石英盖板遮蔽，以防数据丢失。

4. 电可擦除可编程 ROM

EPROM 虽然可以多次编程，但它利用紫外线光源进行擦除，使用起来很不方便。后来出现了电可擦除可编程存储器 EEPROM，也称 E²PROM。它可以在线进行擦除和编程，可以全部擦除，也可以按字节擦除和写入，并且速度快，反复擦写次数多。

5. 快闪存储器

快闪存储器（FLASH）简称闪存，它既有 EPROM 价格便宜、集成度高的优点，又有 E²PROM 在线电擦除，擦除、重写速度快的特点。快闪存储器是按块擦除，按位编程，能以闪电般的速度一次擦除一个块，因而被称为"闪存"。快闪存储器存储容量大，数据保存时间长，读写速度快，可反复擦除百万次以上。现在常用的优盘（或 U 盘）、MP3、显示器的缓存等都采用它，它正在取代 EPROM，广泛应用于通信、办公、医疗、工业控制等领域。

13.1.2 随机存取存储器(RAM)

随机存取存储器又称为随机读写存储器,简称 RAM,指的是可以从任意选定的单元读出数据,或将数据写入任意选定的存储单元。其优点是读、写方便,使用灵活,缺点是一旦断电,所存储的信息就会丢失。

RAM 电路由存储矩阵、地址译码器和读写控制电路三部分组成,如图 13-4 所示。存储矩阵由许多个信息单元排列成 n 行、m 列的矩阵组成,共有 $n \times m$ 个信息单元,每个信息单元(即每个字)有 k 位二进制数(1 或 0)。地址译码器分为行地址译码器和列地址译码器。在给定地址码后,被选中的存储单元由读写控制电路控制,与输入/输出端接通,实现对这些单元的读或写操作。当 $R/\overline{W} = 0$ 时,进行写入数据操作;当 $R/\overline{W} = 1$ 时,进行数据的读操作。当然,在进行读写操作时,片选信号必须为有效电平,即 $\overline{CS} = 0$。

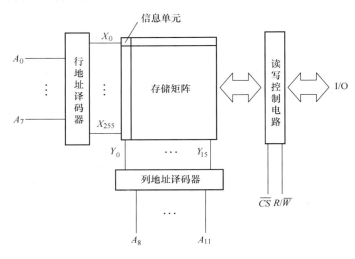

图 13-4　RAM 电路结构

RAM 的存储单元按工作原理分为静态存储单元和动态存储单元。静态存储单元是利用基本 RS 触发器存储信息的,保存的信息不易丢失。而动态存储单元是利用 MOS 的栅极来存储信息,由于电容的电量很小,以及漏电流的存在,所以,为了保持信息,必须定时地给电容充电,通常称为刷新,故称之为动态存储单元。

13.2　可编程逻辑器件

可编程逻辑器件(PLD)是 20 世纪 80 年代以后迅速发展起来的一种新型半导体数字集成电路。它是厂家作为一种通用型器件生产的半定制电路,这种器件不仅能满足大规模乃至超大规模的逻辑设计,更重要的是设计后的系统能通过计算机完成快速测试和电路结构重构,从而极大提高了设计效率和系统性能,降低了设计成本,因而得到了迅猛的发展。

可编程逻辑器件经历了从可编程只读存储器(PROM)、可编程逻辑阵列(PLA)、可编程阵列逻辑(PAL)、通用可重复编程阵列器件(GAL),到采用大规模集成电路技术的可擦除型可编程逻辑器件(EPLD),直至复杂可编程逻辑器件(CPLD)和现场可编程门阵列(FPGA)的发展过程。它在集成度、速度、功能、灵活性等方面都在改进和提高，并仍在不断地发展。

13.2.1　FPGA

　　FPGA 是目前发展最快、逻辑规模最大、适用范围最广的 PLD 器件。如图 13-5 所示，大部分 FPGA 采用了基于 SRAM（静态存储器）的查找表（LUT）逻辑结构，LUT 是可编程的最小单元。一个 4 输入查找表可以实现 4 个输入变量的任何逻辑功能。

图 13-5　FPGA 的查找表结构

　　Cyclone 系列是 Altera 公司的一款低成本、高性价比的 FP-GA，其结构如图 13-6 所示。它主要由逻辑阵列块（LAB）、嵌入式存储块（EAB）、I/O 单元（IOC）等组成。

　　Cyclone 器件的可编程资源主要来自 LAB。每个 LAB 包含10 个逻辑单元 LE、LE 进位链和级联链、LUT 链和寄存器链等。LE 是最基本可编程单元，主要由一个 4 输入的查找表（LUT）、进位链和一个可编程寄存器组成，能完成所有 4 输入 1 输出的逻辑功能。

　　嵌入式存储块 EAB 由数十个 M4K 的存储块构成。每个 M4K 为 4608 位 RAM。EAB 通过多种连线与可编程资源链接，大大增强了 FPGA 的性能。

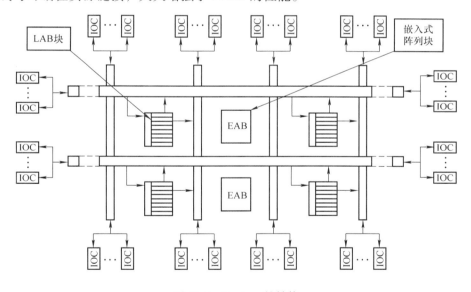

图 13-6　Cyclone 的结构

13.2.2　CPLD

1. 原理

　　与 FPGA 不同，CPLD 是基于乘积项，即与、或阵列来完成逻辑功能的，其基本原理图如图 13-7 所示。它由输入缓冲、与阵列、或阵列和输出结构四部分组成。其中，可以实现与、或逻辑的与阵列和或阵列是电路的核心。由与门构成的与阵列用来产生乘积项，由或门构成的或阵列用来产生乘积项之和形式的函数。输入缓冲电路可以产生输入变量的原变量和反变量。不同的 CPLD 输出结构差异很大，有些是组合输出结构，有些是时序输出结构，还有些是可编程的输出结构。输出信号也可以通过内部通路反馈到与阵列的输入端。

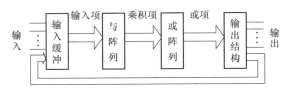

图 13-7 CPLD 的基本原理图

2. 结构

各公司生产的 CPLD 结构虽千差万别，但仍有共同之处。以图 13-8 所示 Altera 公司的 MAX7128S 为例，CPLD 一般包括三部分：逻辑阵列块（LAB）、I/O 控制模块和可编程连线阵列（PIA）。逻辑阵列块能有效地实现各种逻辑功能，逻辑块之间使用可编程内部连线实现互相连接。

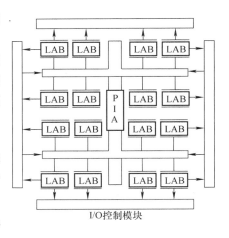

图 13-8 CPLD 的结构图

3. CPLD 与 FPGA 的比较

尽管 FPGA 和 CPLD 都是可编程逻辑器件，有很多共同特点，但由于 CPLD 和 FPGA 结构上的差异，具有各自的特点：

1）CPLD 更适合完成各种算法和组合逻辑，FPGA更适合于完成时序逻辑。

2）CPLD 的连续式布线结构决定了它的时序延迟是均匀的和可预测的，而 FPGA 的分段式布线结构决定了其延迟的不可预测性。

3）在编程上 FPGA 比 CPLD 具有更大的灵活性。

4）FPGA 的集成度比 CPLD 高，具有更复杂的布线结构和逻辑实现。

5）CPLD 比 FPGA 使用起来更方便。CPLD 的编程采用 E^2PROM 或 FLASH 技术，系统断电时编程信息也不丢失，无需外部存储器芯片，使用简单。而 FPGA 大部分是基于 SRAM 编程，编程信息在系统断电时丢失，FPGA 的编程信息需存放在外部存储器上，每次上电时，需从器件外部将编程数据重新写入 SRAM 中，使用方法复杂。

6）CPLD 的速度比 FPGA 快。

7）CPLD 保密性好，FPGA 保密性差。

8）一般情况下，CPLD 的功耗要比 FPGA 大，且集成度越高越明显。

本 章 小 结

1. 半导体存储器是一种具有存储功能的半导体器件，可以分为只读存储器 ROM 和随机读取存储器 RAM 两大类。

2. ROM 在正常工作状态下仅能从中读取数据，不能写入数据，在掉电情况下数据不易丢失，很适合于存储固定的数据。

3. RAM 在正常工作状态下不仅可以读出数据，还可以随时写入数据。掉电后数据丢失，适合于需要经常快速更换数据的场合。

4. PLD 是 20 世纪 80 年代以后迅速发展起来的一种新型半导体数字集成电路，设计效率高，系统性能好，能满足大规模乃至超大规模的逻辑设计。目前常用的是基于查找表结构的 FPGA 和基于乘积项结构的 CPLD。

思考与习题

13-1　简述 ROM 的分类及各自的特点。

13-2　简述 ROM 与 RAM 的区别。

13-3　简述 CPLD 的主要结构和特点。

13-4　简述 FPGA 的主要结构和特点。

第 14 章 数-模转换和模-数转换

> **内容提要**：本章介绍倒置 T 形电阻网络 D-A 转换器和逐次比较型 A-D 转换器的基本原理和典型应用芯片。

14.1 概述

由于数字电子技术的迅速发展，尤其是计算机在自动控制、自动检测以及其他许多领域中的广泛应用，用数字电路处理模拟信号的情况已经非常普遍了。计算机对生产过程控制的框图如图 14-1 所示，用数字电路处理模拟信号时，必须先把模拟信号转换成相应的数字信号，方能送入数字处理系统（例如微型计算机）进行处理。处理后得到的数字信号需还原成相应的模拟信号，才能驱动执行机构。

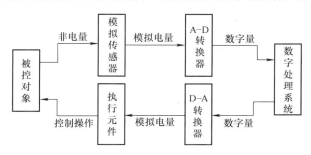

图 14-1　计算机对生产过程控制的框图

从模拟信号到数字信号的转换称为模-数转换，简称为 A-D 转换，把实现 A-D 转换的电路称为 A-D 转换器，简写为 ADC。从数字信号到模拟信号的转换称为数-模转换，简称为 D-A 转换，能够实现 D-A 转换的电路称为 D-A 转换器，简写为 DAC。

14.2 D-A 转换器

目前常见的 D-A 转换器中，倒置 T 形电阻网络 D-A 转换器结构简单、转换精度较高，是目前转换速度最快的 D-A 转换器之一。

14.2.1 倒置 T 形电阻网络 D-A 转换器

4 位倒置 T 形电阻网络 D-A 转换器如图 14-2 所示。它由模拟开关、倒置 T 形电阻网络、运算放大器组成。

四个模拟开关 S_3、S_2、S_1、S_0 分别由四位输入数字量 D_3、D_2、D_1、D_0 控制。当 $D_i = 1$ 时，对应开关将 $2R$ 电阻支路接到运算放大器的反相端；当 $D_i = 0$ 时，对应开关将 $2R$ 电阻支路接地。由于运算放大器的反相端虚地，无论输入数字量是 0 还是 1，$2R$ 电阻支路都可视为是接地的，因此为分析各支路的电流大小，可将电阻网络等效画为图 14-3 所示电路。

从图 14-3 可以看出，从各节点 A、B、C、D 向右看的等效电阻均为 R。因此，从基准电压源 U_{REF} 流入倒置 T 形电阻网络的总电流为 $I = U_{REF}/R$，各支路电流从高位到低位按 2 的

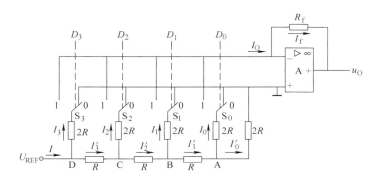

图 14-2　4 位倒置 T 形电阻网络 D-A 转换器

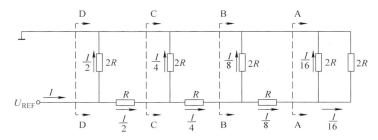

图 14-3　计算倒置 T 形电阻网络电流的等效电路

倍数递减，为

$$I_3 = I_3' = \frac{1}{2}I = \frac{U_{REF}}{2R}$$

$$I_2 = I_2' = \frac{1}{4}I = \frac{U_{REF}}{4R}$$

$$I_1 = I_1' = \frac{1}{8}I = \frac{U_{REF}}{8R}$$

$$I_0 = I_0' = \frac{1}{16}I = \frac{U_{REF}}{16R}$$

流向运算放大器反相输入端的电流为

$$
\begin{aligned}
I_O &= I_3 D_3 + I_2 D_2 + I_1 D_1 + I_0 D_0 \\
&= \frac{U_{REF}}{2^4 R}(2^3 D_3 + 2^2 D_2 + 2^1 D_1 + 2^0 D_0) \\
&= \frac{U_{REF}}{2^4 R} N
\end{aligned}
\tag{14-1}
$$

式中，N 为输入四位二进制数字量所对应的十进制数。

输出电压为

$$u_O = -I_f R_f = -I_O R_f = -\frac{U_{REF}}{2^4 R} R_f N$$

若取 $R = R_f$，则输出的模拟电压为　$u_O = -\dfrac{U_{REF}}{2^4} N$

对于 n 位倒置 T 形电阻网络 D-A 转换器，其输出电压为

$$u_O = -\frac{U_{REF}}{2^n}N \qquad\qquad (14\text{-}2)$$

可见，D-A 转换器输出的模拟电压正比于输入的数字信号。

14.2.2　D-A 转换器的主要技术指标

1. 分辨率

分辨率是指 D-A 转换器的最小输出电压(对应于输入数字量只有最低有效位为 1)与最大输出电压(对应于输入数字量所有有效位全为 1)之比。对 n 位 DAC，其分辨率为 $\frac{1}{2^n-1}$。因此也可以用数字信号的位数来表示分辨率，位数越多分辨率越高。

2. 转换精度

D-A 转换器的转换精度是指实际输出电压与理论输出电压之间的偏离程度，通常用最大误差与满量程输出电压之比的百分数表示。

3. 线性度

线性度反映了 D-A 转换器实际转换曲线相对于理想转换直线的最大偏差。

14.2.3　集成 D-A 转换器及其应用

目前使用的集成 D-A 转换器芯片有 8 位、10 位、12 位等。位数越多分辨率越高，但价格也越高。DAC0832 是常用的 8 位集成 D-A 转换器芯片。

DAC0832 的引脚图如图 14-4 所示。DAC0832 共有 20 条引脚，双列直插式封装。各引脚功能如下：

1）数字量输入端 $DI_7 \sim DI_0$：用于输入待转换的数字量，DI_7 为最高位。

2）$\overline{CS}$ 为片选端，低电平有效。当 $\overline{CS}$ 为高电平时，本片不被选中工作。

3）I_{LE} 为允许数字量输入端。当 I_{LE} 为高电平时，允许数字量输入。

4）$\overline{XFER}$ 为数据传送控制输入端，低电平有效。

5）$\overline{WR1}$ 和 $\overline{WR2}$ 为两个写命令输入端，低电平有效。

6）R_{fb} 为运算放大器反馈端。当需要输出电压时，R_{fb}

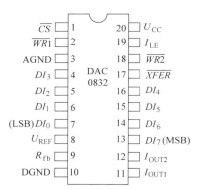

图 14-4　DAC0832 的引脚图

接到外接运算放大器的输出端，作为运算放大器的反馈电阻，以保证输出电压在合适范围内。

7）I_{OUT1} 和 I_{OUT2} 为两个模拟电流输出端。I_{OUT1} 和 I_{OUT2} 之和为常数，I_{OUT1} 随输入数字量线性变化。

8）U_{CC} 为电源输入端，允许范围为 5 ~ 15V。

9）U_{REF} 为基准电压，一般在 -10 ~ 10V 范围内。

10）DGND：数字地。

11）AGND：模拟地。

DAC0832 的技术特性如下：

1) 分辨率为 8 位。

2) 只需要在满量程情况下调整其线性度。

3) 可与单片机或微处理器直接用接口相连使用，也可单独使用。

4) 电流稳定时间为 1μs。

5) 可在直通、单缓冲、双缓冲方式下工作。

6) 低功耗。

7) 逻辑电平输入与 TTL 兼容。

8) 单电源供电。

应用 DAC0832 时应注意：

1) 它可与微处理器完全兼容，因此可利用微处理器实现对数-模转换的控制。

2) DAC0832 内部无参考电压，需外接高精度的基准电源。

3) DAC0832 是电流输出型 D-A 转换器，要获得模拟电压输出时，还需外加一个由运算放大器构成的电流-电压转换器。输出的电压信号有单极性和双极性两种。图 14-5 所示为 DAC0832 的单极性输出方式。图 14-6 所示为 DAC0832 的双极性输出方式，可转换输出正负极性的模拟电压。

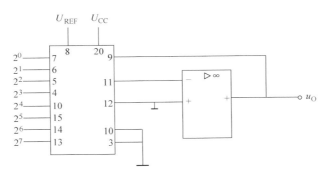

图 14-5　DAC0832 的单极性输出方式

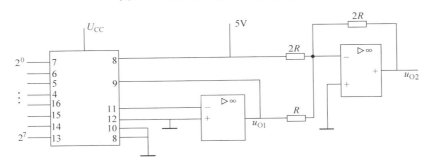

图 14-6　DAC0832 的双极性输出方式

14.3　A-D 转换器

A-D 转换器是将模拟信号转换成数字信号的电路。它是数-模转换的逆过程。A-D 转换器的类型有多种，可以分为直接 A-D 转换器和间接 A-D 转换器两大类。在 A-D 转换器数字量的输出方式上，又有并行输出和串行输出两种类型。

14.3.1 逐次比较型 A-D 转换器

逐次比较型 A-D 转换器是一种常用的 A-D 转换器，其转换速度快，每秒钟可高达几十万次。逐次比较型 A-D 转换器的工作原理框图如图 14-7 所示。

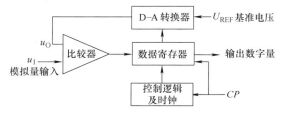

图 14-7 逐次比较型 A-D 转换器的工作原理框图

逐次比较型 A-D 转换器的转换过程类似于天平称物体重量的过程。转换前先将数据寄存器清零，所以加给 D-A 转换器的数字量全是零。转换开始后，时钟信号首先通过控制逻辑将数据寄存器的最高位置成 1，使数据寄存器的输出为 $100\cdots0$。这个数字量被 D-A 转换器转换成相应的模拟电压 u_0，并送到比较器与输入信号 u_I 进行比较。如果 $u_0 \geqslant u_I$，说明数字量过大，这个 1 应去掉；如果 $u_0 < u_I$，说明数字量还不够大，这个 1 应予以保留。然后，再按同样的方法将次高位置 1，并比较 u_0 与 u_I 的大小以确定这一位的 1 是否应当保留。这样逐位比较下去，直到最低位比较完为止。这时，寄存器里的数码就是所求的输出数字量。

14.3.2 A-D 转换器的技术指标

1. 分辨率

分辨率以输出二进制代码的位数表示。位数越多，其量化误差越小，转换精确度越高，分辨率也就越高。例如，输入的模拟电压最大为 5V 时，若使用 8 位的 A-D 转换器，可分辨的最小输入电压为 $\frac{1}{2^8} \times 5V = 19.53mV$，而采用 10 位的 A-D 转换器，可分辨的最小输入电压为 $\frac{1}{2^{10}} \times 5V = 4.88mV$。显然 10 位 A-D 转换器的分辨率比 8 位的高。

2. 转换精度

转换精度是指转换后的数字量所代表的模拟输入值与实际模拟输入值之差。

3. 转换速度

转换速度是指完成一次转换所需要的时间，即从接到转换控制信号到稳定输出数字量的时间。不同类型的 A-D 转换器的转换速度不同。并联比较型最快，逐次比较型次之，间接 A-D 转换器最慢。

14.3.3 集成 A-D 转换器

目前，常见 A-D 转换器的有效位数有 4 位、6 位、8 位、10 位、12 位、14 位、16 位以及 BCD 码输出的 $3\frac{1}{2}$ 位、$4\frac{1}{2}$ 位和 $5\frac{1}{2}$ 位多种。下面以 ADC0809 为例介绍集成 A-D 转换器芯片。

ADC0809 的引脚图如图 14-8 所示。ADC0809 为 28 脚双列直插式封装，采用 CMOS 工艺，是 8 位逐次比较型 A-D 转换器。

各主要引脚功能如下：

1）$IN_7 \sim IN_0$：8 路模拟信号输入端。

2）$D_7 \sim D_0$：8 位数字量输出端。

3）A、B、C：地址码输入端，用以决定对 8 路通道中的哪一路模拟信号进行转换。地址码与 8 路通道的关系见表 14-1。

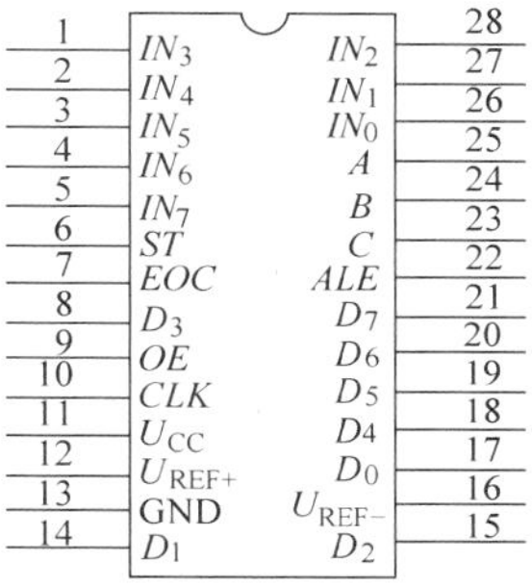

图 14-8　ADC0809 的引脚图

表 14-1　地址码与 8 路通道的关系

C	B	A	被选模拟电压通道	C	B	A	被选模拟电压通道
0	0	0	IN_0	1	0	0	IN_4
0	0	1	IN_1	1	0	1	IN_5
0	1	0	IN_2	1	1	0	IN_6
0	1	1	IN_3	1	1	1	IN_7

4）ALE：通道地址锁存输入端，高电平有效。当 ALE 为高电平时，A、B、C 的值送入地址锁存器，译码后控制 8 路开关工作。

5）ST：转换的启动控制端。其上升沿使 ADC0809 复位，下降沿启动 A-D 转换器开始转换。

6）EOC：转换结束信号端。启动转换后，EOC 变低；转换结束时，EOC 变高。

7）OE：数据输出允许控制端。$OE = 1$ 时，转换结果经输出锁存器送至输出端。

8）U_{CC}：工作电源，范围为 5 ~ 15V。

9）GND：接地端。

10）U_{REF+}、U_{REF-}：正、负基准电压输入端。

11）CLK：时钟脉冲输入端，用于为 ADC0809 提供逐次比较所需的 640kHz 时钟脉冲序列。

ADC0809 可以和微处理器直接通过接口相连，也可以单独使用，其主要技术指标如下：

1）工作电压：5 ~ 15V。

2）分辨率：8 位。

3）时钟频率：640kHz。

4）转换时间：100ms。

5）未经调整误差：$\frac{1}{2}$LSB 和 1LSB。

6）模拟量输入范围：0 ~ 5V。

7）功耗：15mW。

本 章 小 结

1. A-D 转换器是将模拟信号转换为数字信号，简写为 ADC。D-A 转换器是将数字信号转换为模拟信号，简称为 DAC。A-D 转换器和 D-A 转换器是现代数字系统的重要部件，应用日益广泛。

2. 倒置 T 形电阻网络 D-A 转换器的精度和速度都较高，因此得到广泛应用。

3. 逐次比较型 A-D 转换器，其转换原理与天平称重物一样，只不过所使用的比较数码依次减半而已。

4. A-D 和 D-A 转换器的主要技术参数是分辨率、转换精度和转换速度。

5. A-D 和 D-A 转换器的集成芯片种类繁多，本章只介绍了 DAC0832、ADC0809 两种常用集成转换芯片的外部功能及应用。

思考与习题

14-1 在 10 位倒置 T 形电阻网络 D-A 转换器中，$R = R_f = 10\text{k}\Omega$，$U_{REF} = 10\text{V}$，求当开关变量分别为 18DH、0FFH、0F8H 时的输出电压值。

14-2 在 10 位倒置 T 形电阻网络 D-A 转换器中，$R = R_f$ 时，试求输出电压的取值范围。若要求电路输入数字量为 200H 时，输出电压为 5V，试问 U_{REF} 应取何值？

14-3 对于一个 8 位 D-A 转换器，若最小输出电压增量为 0.02V，试问当输入代码为 01001101 时，输出电压为多少？若其分辨率用百分数表示，则应是多少？

14-4 一个理想的 3 位 A-D 转换器满刻度模拟输入为 7V，当输入为 5V 时，求此 A-D 转换器的数字输出量。

第3篇　电动机与控制技术基础

第15章　磁路与变压器

> **内容提要：** 本章首先介绍了磁路的基本概念与基本定律，然后介绍了变压器的基本工作原理及变压器的应用，最后介绍了几种特殊变压器。

15.1　磁路的基本概念

15.1.1　磁路的基本物理量

如图 15-1a 所示，一个没有铁心的载流线圈所产生的磁通量是弥散在整个空间的；而在图 15-1b 中，同样的线圈绕在闭合的铁心上时，由于铁心的磁导率 μ 很大，远远高于周围空气的磁导率，这就使绝大多数的磁通量集中到铁心内部，并形成一个闭合通路。这种人为造成的磁通的路径，称为磁路。

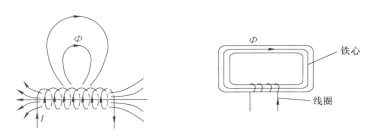

a) 没有铁心的载流线圈所产生的磁场　　b) 有铁心的载流线圈所产生的磁场

图 15-1　磁场的比较

1. 磁通 Φ

在磁场中，磁通量 Φ 的大小就是垂直穿过某一截面积 S 的磁力线总数。在国际单位制（SI）中，磁通量的单位是韦伯，符号是 Wb。

2. 磁感应强度 B

磁感应强度是描述磁场强弱和方向的基本物理量，是矢量，常用符号 B 表示。其大小等于垂直于磁场方向、单位长度内流过单位电流的通电导体在该点所受的力，即

$$B = \frac{F}{Il} \tag{15-1}$$

对于电流产生的磁场，磁感应强度的方向和电流方向满足右手螺旋定则。在国际单位制中，磁感应强度的单位是特斯拉(T)。

在均匀磁场中，磁感应强度是通过垂直于磁场方向的单位面积的磁通量，即

$$B = \frac{\Phi}{S} \tag{15-2}$$

故磁感应强度也被称为磁通量密度或磁通密度。

3. 磁导率 μ

磁导率 μ 是用来衡量物质导磁能力大小的物理量。在国际单位制中，磁导率的单位是亨利/米(H/m)。实验测得，真空中的磁导率 μ_0 为一常数，即

$$\mu_0 = 4\pi \times 10^{-7} \, \text{H/m}$$

其他材料的磁导率一般用与真空磁导率的比值来表示，称为该物质的相对磁导率 μ_r。

自然界中的所有物质按磁导率的大小可分为铁磁性材料和非铁磁性材料。前者磁导率很高，如硅钢片 $\mu_r = 6000 \sim 8000$；后者的磁导率很小，近似等于 μ_0。

4. 磁场强度 H

在外磁场作用下，物质会被磁化而产生附加磁场，不同的物质附加磁场的大小不同，这就给分析带来不便，为此引出另一个物理量——磁场强度 H。它与物质的磁导率无关，只和载流导体的形状、电流强度等有关。

磁场中某点的磁场强度的大小等于该点的磁感应强度 B 与同一点上的磁导率 μ 的比值，用 H 表示，则

$$H = \frac{B}{\mu} \tag{15-3}$$

磁场强度的单位是安/米(A/m)。磁场强度的方向与该点磁感应强度的方向相同。

15.1.2　铁磁材料的磁特性

铁磁材料和非铁磁材料各自的磁特性见表15-1。

在磁场中，当磁化磁场做正负周期性的变化时，铁磁体中的磁感应强度总是落后于磁场强度变化，即所谓磁滞，其关系是一条闭合线，这条闭合线称为磁滞回线。磁滞回线中当 $H = 0$ 时，B 不为0，这部分剩留的磁性称为剩磁 B_r，永久磁铁的磁性就是由剩磁产生的。要想消除剩磁，必须施加反向磁场。使 $B = 0$ 所需的 H_c 称为矫顽磁力。H_c 的大小反映铁磁材料保持剩磁状态的能力。

表 15-1　铁磁材料和非铁磁材料的磁特性

分类	铁磁材料	非铁磁材料
材料名称	铁、钴、镍及其合金	水银、铜、硫、氯、氢、银、金、锌、铅、氧、氮、铝、铂等
导磁性	$\mu_r \gg 1$，高导磁性，在磁场中可被强烈磁化	$\mu_r \approx 1$，不能被强烈磁化

（续）

分类	铁磁材料	非铁磁材料
非线性、饱和性	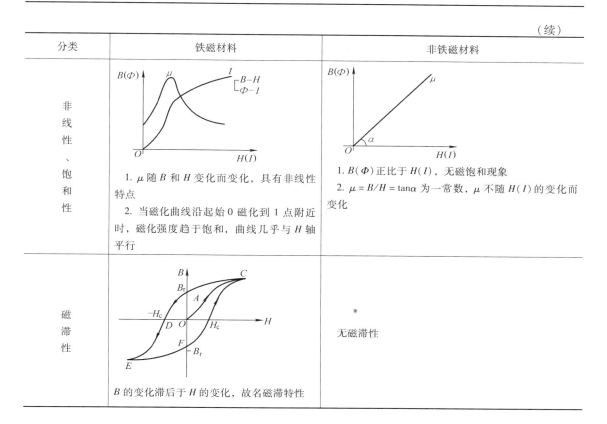　1. μ 随 B 和 H 变化而变化，具有非线性特点 　2. 当磁化曲线沿起始 0 磁化到 1 点附近时，磁化强度趋于饱和，曲线几乎与 H 轴平行	1. $B(\Phi)$ 正比于 $H(I)$，无磁饱和现象 2. $\mu = B/H = \tan\alpha$ 为一常数，μ 不随 $H(I)$ 的变化而变化
磁滞性	B 的变化滞后于 H 的变化，故名磁滞特性	无磁滞性

15.1.3　磁路的基本定律

在线圈中通入电流会产生磁通，该电流称为励磁电流。通过实验发现，改变励磁电流或线圈匝数，磁通的大小就要变化。励磁电流或线圈匝数越大，产生的磁通就越大。因此把励磁电流 I 和线圈匝数 N 的乘积看做是磁路中产生磁通的源泉，称为磁动势 F，即

$$F = NI \tag{15-4}$$

磁通的大小除了与磁动势有关以外，还与磁路的横截面积 S 成正比，与磁路的长度 l 成反比，并与组成磁路的材料磁导率 μ 成正比，即

$$\Phi = F\frac{\mu S}{l} = \frac{F}{\dfrac{l}{\mu S}} = \frac{F}{R_{\mathrm{m}}} \tag{15-5}$$

式中，R_{m} 称为磁阻，是表示磁路对磁通起阻碍作用的物理量。磁阻的大小与磁路的材料及几何尺寸有关。式（15-5）与电路的欧姆定律相似，故称为磁路的欧姆定律。

例 15-1　在图 15-2 所示磁路中，为什么主磁通 Φ 远大于漏磁通 Φ_{σ}?

解：主磁路的 μ 为铁心的磁导率，漏磁路的 μ_{σ} 为空气的磁导率，显然，$\mu \gg \mu_{\sigma}$，所以，$R_{\mathrm{m}} < R_{\sigma}$。根据磁路欧姆定律：$\Phi = F/R_{\mathrm{m}}$，所以 $\Phi \gg \Phi_{\sigma}$。

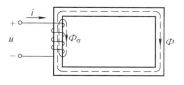

图 15-2　例 15-1 图

15.1.4 交流铁心线圈电路

图 15-3 所示为交流铁心线圈电路。电流 i 流经线圈建立磁通势 Ni 产生磁通，其中绝大部分磁通经铁心闭合，为主磁通 Φ，此外还有很少一部分磁通经空气或其他非磁性物质闭合，为漏磁通 Φ_σ。这两个磁通分别在线圈中产生感应主电动势 e 和漏感电动势 e_σ。它们间的电磁关系如下：

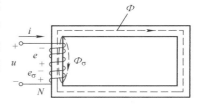

$$u \to i(Ni) \begin{cases} \Phi \to e \\ \Phi_\sigma \to e_\sigma \end{cases}$$

图 15-3 交流铁心线圈电路

设主磁通 $\Phi = \Phi_m \sin\omega t$，则

$$e = -N\frac{\mathrm{d}\Phi}{\mathrm{d}t} = 2\pi f N\Phi_m \sin(\omega t - 90°) = E_m \sin(\omega t - 90°) = \sqrt{2}E\sin(\omega t - 90°)$$

所以主电动势有效值 $E = 4.44fN\Phi_m$，它在时间相位上滞后主磁通，写成复数形式为

$$\dot{E} = -\mathrm{j}4.44fN\dot{\Phi}_m \tag{15-6}$$

根据基尔霍夫定律有

$$u = iR - e - e_\sigma = iR - e - \left(-L_\sigma\frac{\mathrm{d}i}{\mathrm{d}t}\right) = iR + L_\sigma\frac{\mathrm{d}i}{\mathrm{d}t} + (-e)$$

$$\dot{U} = \dot{I}R + \mathrm{j}X_\sigma\dot{I} - \dot{E} \tag{15-7}$$

式中，X_σ 为线圈漏磁感抗，值很小；R 为线圈的电阻，值很小。所以有

$$\dot{U} \approx -\dot{E} \tag{15-8}$$

或

$$U \approx E = 4.44fN\Phi_m = 4.44fNB_m S \tag{15-9}$$

式中，B_m 为铁心中磁感应强度的最大值；S 为铁心截面积。

式(15-9)表明：电源频率 f 和线圈匝数 N 一定时，主磁通的大小基本上由电源电压决定，若电源电压有效值不变，则主磁通大小也不变；主磁通随电压成正比变化，与磁路的媒质和几何尺寸无关。

15.2 变压器

变压器在电力系统和电子电路中应用极广，它的主要功能是变换电压、电流和阻抗。

变压器根据相数的不同，可分为单相变压器、三相变压器和多相变压器；根据绕组数目不同，可分为双绕组变压器、三绕组变压器、多绕组变压器和自耦变压器；根据冷却方式不同，可分为油浸式变压器、充气式变压器和干式变压器；根据用途不同，可分为电力变压器、特种变压器、仪用互感器等。

15.2.1 变压器的结构及工作原理

1. 结构

变压器的结构形式多种多样，但其基本结构都类似，均由铁心和绕组（也称为线圈）组成。

铁心的作用是提供磁路，为了减少铁心损耗，铁心采用硅钢片叠装而成。如图 15-4 所示，常见的变压器结构有两种：心式变压器绕组套在铁心柱上，该结构多应用于大容量的电力变压器上；壳式变压器绕组被包围在中间，该结构常用于小容量的电子设备中。

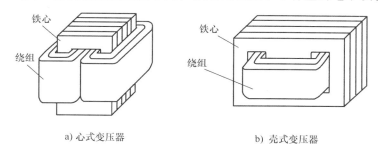

a) 心式变压器　　　　　　　　　　　　b) 壳式变压器

图 15-4　变压器的结构

绕组的作用是建立磁场，是变压器的电路部分。绕组采用高强度漆包线绕成。在变压器中接电源的绕组，称为一次绕组，其匝数为 N_1；接负载的绕组，称为二次绕组，其匝数为 N_2。变压器一、二次绕组之间以及绕组与铁心之间必须有可靠绝缘，没有直接的电气联系。

2. 工作原理

变压器的种类很多，但其基本原理都是一样的。下面以图 15-5 所示单相变压器为例说明其工作原理。

一次绕组在交变电压 u_1 作用下产生交变电流 i_1，由磁通势 $N_1 i_1$ 产生的交变磁通绝大部分通过铁心闭合，在二次绕组产生感应电动势 e_2，接负载后产生电流 i_2，由

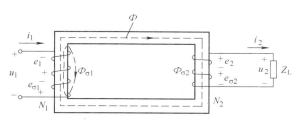

图 15-5　单相变压器原理图

磁通势 $N_2 i_2$ 产生的磁通也绝大部分通过铁心闭合，因此铁心中的磁通由一、二次磁通势共同产生，称为主磁通 Φ。主磁通在一、二次绕组中产生感应电动势 e_1、e_2。此外，一、二次磁通势又分别产生只交链于本绕组的漏磁通 $\Phi_{\sigma 1}$ 和 $\Phi_{\sigma 2}$，从而在各自绕组中分别感应出漏感应电动势 $e_{\sigma 1}$ 和 $e_{\sigma 2}$。可见，变压器利用电磁感应原理将电能传递给负载。

15.2.2　变压器的作用

1. 电压变换

如图 15-5 所示，忽略变压器一次侧的线圈电阻和漏阻抗后，有

$$U_1 \approx E_1 = 4.44 f N_1 \Phi_{\mathrm{m}}$$

变压器二次侧的电动势方程为

$$\dot{U}_2 = \dot{E}_2 - R_2 \dot{I}_2 - \mathrm{j} X_{\sigma 2} \dot{I}_2 \tag{15-10}$$

式中，R_2 和 $X_{\sigma 2}$ 分别为二次绕组的电阻和漏感抗。

变压器空载时，$I_2 = 0$，则

$$U_2 = U_{20} = E_2 = 4.44 f N_2 \Phi_{\mathrm{m}} \tag{15-11}$$

式中，U_{20} 为变压器空载时二次绕组端电压。

一、二次绕组中感应电动势之比称为变压器的电压比，由上述各式可得

$$K = \frac{E_1}{E_2} = \frac{N_1}{N_2} \approx \frac{U_1}{U_{20}} \tag{15-12}$$

变压器的电压比 K 等于空载运行时，一、二次绕组的电压比，也等于一、二次绕组的匝数比。可见，当电源电压一定时，只要改变绕组的匝数比，就可以得到不同的输出电压，这就是变压器的变压原理。当 $N_1 > N_2$ 时，$U_1 > U_2$，变压器降压；当 $N_1 < N_2$ 时，$U_1 < U_2$，变压器升压。

2. 电流变换

二次绕组空载时，一次绕组电流为 i_0。当二次绕组接上负载，进行变压器的负载运行时，将产生电流 i_2，二次侧的磁通势也在铁心中产生磁通，将有改变原有主磁通的趋势。而由 $U_1 \approx E_1 = 4.44fN_1\Phi_m$ 可知，在 U_1、f、N_1 不变的情况下，主磁通 Φ_m 基本保持不变。故一次绕组电流 i_0 只有增大为 i_1，才能抵消二次电流和磁通势对主磁通的影响，使 Φ_m 保持不变。无论负载怎么变化，一次电流总能自动调节，以适应负载电流的变化，从而实现了能量的传递。

因此，由上述分析可知：变压器有载运行时的总磁动势等于空载运行时的总磁动势。即 $i_1N_1 + i_2N_2 = i_0N_1$。由于 i_0 很小，一般不到额定电流的 10%，常可忽略，则有 $i_1N_1 = -i_2N_2$，即

$$\frac{I_1}{I_2} = \frac{N_2}{N_1} = \frac{1}{K} \tag{15-13}$$

一、二次绕组中电流之比等于匝数比的倒数，这就是变压器的电流变换原理。

3. 阻抗变换

设变压器二次侧接的负载阻抗为 $|Z_2|$。对于电源来说，图 15-6 所示为变压器的阻抗变换原理图，图中点画线框内的电路可以用另一个阻抗，即反映到一次侧的等效阻抗 $|Z_2'|$ 来代替。

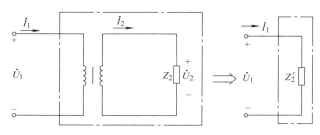

图 15-6　变压器的阻抗变换原理图

$$|Z_2'| = \frac{U_1}{I_1} = \frac{U_2K}{\frac{I_2}{K}} = K^2|Z_2| \tag{15-14}$$

只要改变变压器一、二次绕组的匝数比，就可把实际负载阻抗变换为所需的数值，这就是变压器的阻抗变换作用。在电子电路中，常用此法来使负载获得最大功率，这种方法称为"阻抗匹配"。

例 15-2　交流信号源的电动势 $E = 120$V，内阻 $r_0 = 800\Omega$，负载 $R_L = 8\Omega$。（1）将交流信号源接在变压器的一次侧，如使等效阻抗 $Z_1 = r_0$，求变压器的匝数比和信号源输出的功率；

（2）将负载直接与信号源相接时，信号源输出多大的功率?

解：（1）变压器的匝数比为 K，则

$$K = \frac{N_1}{N_2} = \sqrt{\frac{R'_L}{R_L}} = \sqrt{\frac{800\,\Omega}{8\,\Omega}} = 10$$

$$P = \left[\frac{E}{(r_0 + Z_1)}\right]^2 Z_1 = 4.5\,\text{W}$$

（2）将负载直接与信号源相接时，信号源输出的功率为

$$P = \left[\frac{E}{(r_0 + R_L)}\right]^2 R_L = 0.176\,\text{W}$$

以上计算表明：同一负载 R_L，经变压器阻抗变换后，信号源输出的功率大于负载与信号源直接相接时的输出功率。

15.2.3　变压器绕组的极性

1. 变压器绕组的极性判断

变压器的极性用来标志在同一时刻一次绕组与二次绕组线圈电位的相对关系，即同一时刻极性相同的对应端称为变压器的同极性端，也称为同名端，用符号"·"标记。不是同名端的两端称为异名端。

从同名端送入电流，在同一铁心中产生的磁通方向相同，因此变压器绕组极性与绕组绕向有关。图 15-7a 中两个绕组的绕线方向相同，因而根据右手定则可判断出 A 与 a 或 X 与 x 为同名端；图 15-7b 中两个绕组绕向相反，则 A 与 x 或 X 与 a 为同名端。

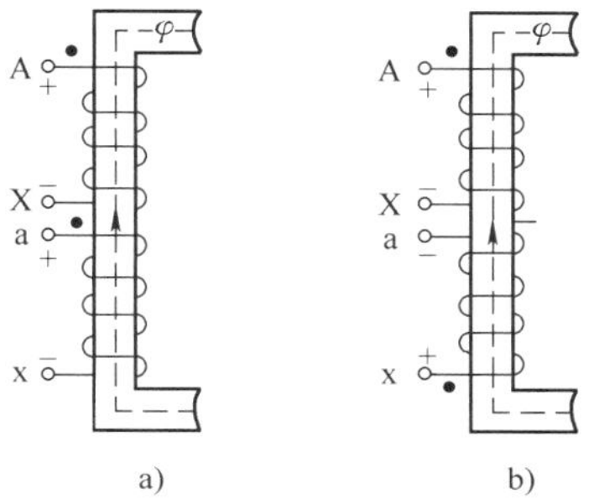

2. 变压器绕组的连接

（1）串联　将两个绕组按首-末-首-末的顺序连接起来，如图 15-8a 所示，可以提高输出电压。注意只有额定电流相同的绕组才能串联。

（2）并联　将两个绕组按首-首、末-末分别连接起来，如图 15-8b 所示，可以增大输出电流。注意只有额定电压相同的绕组才能并联。

图 15-7　变压器绕组极性与
绕组绕向的关系

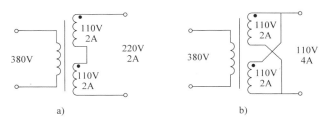

图 15-8　变压器绕组的串、并联

变压器的绕组用于串联和并联，或构成多绕组与多相变压器时，其绕组间的相对极性是连接的依据，按极性可以组合接成多种电压形式，如果极性接反，往往会出现很大的短路电流，以致烧坏变压器。因此，各绕组间的相对极性即同名端应事先知道，使用变压器时必须注意铭牌上的标志。

3. 绕组极性的判断

当遇到变压器铭牌标志不清或旧变压器时，可通过测试加以判别。判断同名端的方法有直流法和交流法两种。

（1）直流法　如图 15-9 所示，在一次侧接一节干电池，然后在二次侧接直流毫安表。当合上开关 S 的一瞬间，毫安表正偏，则 A、a 为同名端；毫安表反偏，则 A、x 为同名端。

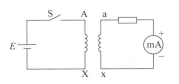

图 15-9　直流法判别绕组极性的电路

（2）交流法　如图 15-10 所示，u_1 为电源电压，u_2 为开路电压，u 为一、二次绕组间电压。分别测量图示电压的有效值 U、U_1 和 U_2。若电压表的读数 $U = |U_1 - U_2|$，可确定相接的两点为同名端，如图 15-10a 所示；若读数 $U = U_1 + U_2$，可确定相接的两点为异名端，如图 15-10b 所示。

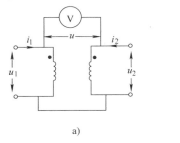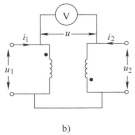

a)　　　　　　　　　　b)

图 15-10　交流法判别绕组极性的电路

15.2.4　变压器的使用

1. 变压器的外特性

变压器的外特性是指变压器带有负载时，在电源 U_1 和负载功率因数不变的条件下，二次电压与电流的变化关系。图 15-11 所示为变压器的外特性，变压器二次电压随负载的增加而下降。用电压变化率 ΔU 来反映电压波动的程度。显然 ΔU 越小越好，越小说明变压器为负载提供的电压越稳定。一般变压器的漏阻抗很小，故电压变化率不大，不超过 5%。

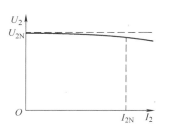

图 15-11　变压器的外特性

2. 变压器的损耗与效率

变压器的损耗分为铜损和铁损两部分。

铜损是指变压器线圈电阻所引起的损耗。当电流通过线圈电阻发热时，一部分电能就转变为热能而损耗，由于线圈一般都由带绝缘的铜线缠绕而成，因此称为铜损。变压器的铁损包括两个方面：一个是磁滞损耗，当交流电流通过变压器时，通过变压器硅钢片的磁力线方向和大小随之变化，使得硅钢片内部分子相互摩擦，放出热能，从而损耗了一部分电能，这便是磁滞损耗；另一个是涡流损耗，当变压器工作时，铁心中有磁力线穿过，在与磁力线垂直的平面上就会产生感应电流，由于此电流自成闭合回路形成环流，且成旋涡状，故称为涡流。涡流的存在使铁心发热，消耗能量，这种损耗称为涡流损耗。因此变压器的损耗为

$$\Delta P = \Delta P_{Cu} + \Delta P_{Fe}$$

变压器的效率为

$$\eta = \frac{P_2}{P_1} \times 100\% = \frac{P_2}{P_2 + \Delta P} \times 100\% \tag{15-15}$$

式中，P_2 为输出功率；P_1 为输入功率。

变压器效率的高低，标志着变压器运行的经济性能的好坏，一般都在 85% 左右，大型电力变压器的效率可达 99% 以上。

3. 变压器的主要额定值

（1）额定电压 U_{1N}、U_{2N}　一次侧额定电压 U_{1N} 是根据绝缘强度，使变压器长时间正常运行时应加的工作电压。二次侧额定电压 U_{2N} 是指一次侧加额定电压、二次侧处于空载状态时的电压。

在三相变压器中，额定电压指的是线电压。

（2）额定电流 I_{1N}、I_{2N}　额定电流是指变压器允许长期通过的电流，其值由额定容量和额定电压共同决定。

（3）额定容量 S_N　额定容量是指变压器在额定状态下二次侧额定电压和额定电流的乘积，即 $S_N = U_{2N} I_{2N}$。需指出的是变压器的额定容量是视在功率，与输出功率不同。输出功率的大小还与负载的大小和性质有关。

15. 2. 5　特殊变压器

1. 自耦变压器

如图 15-12 所示，自耦变压器的结构特点是：二次绕组是一次绕组的一部分。因此一、二次绕组不仅有磁的耦合还有电的联系。自耦变压器可节省铜和铁的消耗量，从而减小变压器的体积、重量，制造成本低，比普通变压器效率高。自耦变压器在电力系统中，主要用于连接不同电压等级的电网，电压比一般为 2 左右。自耦变压器的一、二次电压、电流关系为

$$\frac{U_1}{U_2} = \frac{N_1}{N_2} = \frac{I_2}{I_1}$$

如图 15-13 所示，实验室的调压器就是一种特殊的自耦变压器，转动手柄可改变二次绕组匝数，从而达到调压目的。使用时需把电源的零线接至 1 端子。若把相线接至 1 端子，调压器输出即使为零（5 与 4 端子重合），5 端子仍为高电位，用手触摸时有危险。

图 15-12　自耦变压器示意图　　　　　　　图 15-13　调压器外形及电路

使用自耦变压器时，一、二次侧不能对调使用，否则可能烧坏变压器；外壳必须接地；使用完毕后，手柄应退回零位。

2. 仪用互感器

在高电压、大电流的系统和装置中，为了测量的方便和安全，需要使用仪用互感器。根据用途不同，仪用互感器可分为电压互感器和电流互感器。

电压互感器是一个一次侧匝数多、二次侧匝数少的降压变压器。如图 15-14a 所示，电压互感器一次侧并联接于被测高压线路中，测量仪表作为负载并联接于二次侧两端。为使仪表标准化，二次侧的额定电压均为标准值 100V。

电流互感器是将大电流变换为小电流，所以一次侧匝数少，二次侧匝数多。如图 15-14b所示，电流互感器一次侧应串联接于被测线路中，二次侧与测量仪表相串联。通常，电流互感器的二次侧额定电流设计成标准值 5A。

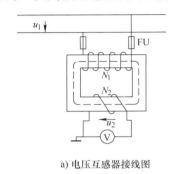
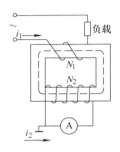

a) 电压互感器接线图　　　　　　b) 电流互感器接线图

图 15-14　仪用互感器接线图

使用时，电压互感器的二次侧不能短路，否则会因短路电流过大而烧毁；其次，电压互感器的铁心、金属外壳和二次侧的一端必须可靠接地，防止绝缘损坏时二次侧出现高电压而危及运行人员的安全。电流互感器的二次侧不允许开路，为保证安全，电流互感器的二次侧也要可靠接地。

本 章 小 结

1. 人为造成的磁通路径，称为磁路。有关磁场的物理量和定律均适合于磁路。

2. 交流铁心线圈 $U \approx E = 4.44 f N \Phi_m$，它表明：若电源频率 f 和线圈匝数 N 一定，主磁通的大小基本上由电源电压决定；若电源电压有效值不变，则主磁通大小也不变。

3. 变压器的电压变换作用：$\dfrac{U_1}{U_2} = K$；变压器的电流变换作用：$\dfrac{I_1}{I_2} \approx \dfrac{N_2}{N_1} = \dfrac{1}{K}$；变压器的阻抗变换作用：$\left| Z_2' \right| = K^2 \left| Z_2 \right|$。

4. 变压器主要额定值包括：额定容量 $S_N = U_{2N} I_{2N}$；额定电压 U_{1N}、U_{2N}；额定电流 I_{1N}、I_{2N}。

5. 常用的特殊变压器有自耦变压器、电压互感器、电流互感器。

思考与习题

15-1　某台变压器，$N_1 = 550$ 匝，$U_1 = 220$V，$N_2 = 90$ 匝，$U_2 = 36$V，若在一次绕组加上 220V 交流电压，则在二次绕组可得到 36V 的输出电压。反之若在二次绕组加上 36V 的交流电压，问在一次绕组可否得到 220V 的输出电压？为什么？

15-2　某晶体管扩音机的输出阻抗为 6400Ω，即要求负载阻抗为 6400Ω 时，能输出最大功率，接负载为 4Ω 的扬声器，求变压器电压比。

15-3　变压器在运行中有哪些基本损耗？它们各与什么因素有关？

15-4　一台单相变压器 $P_2 = 50\text{kW}$，铁损为 0.5kW，若该变压器的实际效率为 98%，求铜损。

15-5　自耦变压器的结构特点是什么？自耦变压器的优点有哪些？

15-6　使用自耦变压器的注意事项有哪些？

15-7　电流互感器的作用是什么？使用电流互感器进行测量时，应注意哪些事项？

15-8　电压互感器的作用是什么？

第16章 三相异步电动机及其控制

> **内容提要：** 本章首先介绍三相异步电动机的结构及工作原理，然后介绍三相异步电动机的起动、制动及调速，最后介绍了常用低压电器及三相异步电动机的控制。

16.1 三相异步电动机概述

三相异步电动机是把电能转换为机械能的一种动力机械。它结构简单，制造使用和维护方便，价格便宜，运行可靠，效率高，因此在工农业生产及日常生活中得到了广泛应用。

16.1.1 三相异步电动机的结构

三相异步电动机主要包含两部分：定子（静止不动的部分）和转子（旋转的部分）。图16-1所示为三相异步电动机的结构。

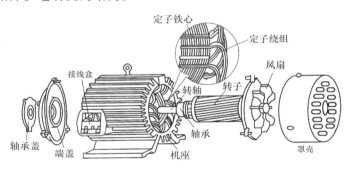

图 16-1　三相异步电动机的结构

1. 定子

（1）定子铁心　定子铁心一般由 0.35～0.5mm 厚表面具有绝缘层的硅钢片冲制、叠压而成，在铁心的内圆冲有均匀分布的槽，用以嵌放定子绕组。

（2）定子绕组　定子绕组是电动机的电路部分，由三个在空间互隔120°电角度、对称排列的结构完全相同的绕组连接而成，这些绕组的各个线圈按一定规律分别嵌放在定子各槽内。如图16-2所示，电动机定子绕组有丫联结和△联结两种，通入三相交流电，可以产生旋转磁场。

2. 转子

（1）转子铁心　转子铁心作为电动机磁路的一部分，装在转轴上，也是由 0.5mm 厚的硅钢片冲制、叠压而成，外圆冲有均匀分布的孔用来安置转子绕组。

（2）转子绕组　转子绕组切割定子旋转磁场产生感应电动势及电流，并形成电磁转矩而使电动机旋转。按构造不同转子绕组可分为笼型和绕线式转子绕组两种。

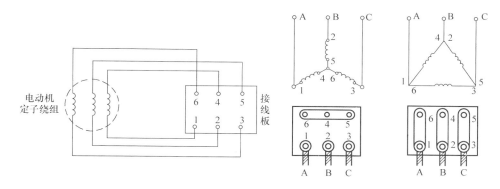

图 16-2　电动机定子绕组的丫联结和△联结

1）笼型转子绕组。如图 16-3 所示，转子绕组由插入转子槽中的多根导条（铜条）和两个环形的端环组成。若去掉转子铁心，整个绕组的外形像一个鼠笼，故又称笼型转子绕组。

图 16-3　笼型三相异步电动机转子绕组

2）绕线式转子绕组。如图 16-4 所示，绕线式转子绕组与定子绕组相似，也是一个对称的三相绕组，一般接成星形，三个出线头通过集电环和电刷与外电路连接。

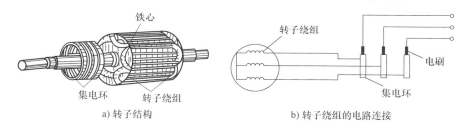

a）转子结构　　　　　　　　　b）转子绕组的电路连接

图 16-4　绕线式转子三相异步电动机的转子结构

16.1.2　三相异步电动机的转动原理及转差率

1. 旋转磁场的产生

如图 16-5a 所示，定子三相对称绕组 U1-U2、V1-V2、W1-W2 在空间上互差 120°，并进行丫联结，如图 16-5b 所示。接通电源后，绕组中就流有三相对称电流，如图 16-5c 所示。

由于电流随时间而变，因此产生的磁场也随时间而变，即在定子与转子的空气隙中产生一个旋转磁场。如图 16-6 所示，现研究几个瞬间的磁场。假定电流的正方向由绕组的始端流向末端。电流流入端用"×"表示，电流流出端用"·"表示。

当 $\omega t = 0°$ 时，$i_{U1} = 0$；i_{V1} 为负值，即 i_{V1} 由末端 V2 流入，首端 V1 流出；i_{W1} 为正值，即

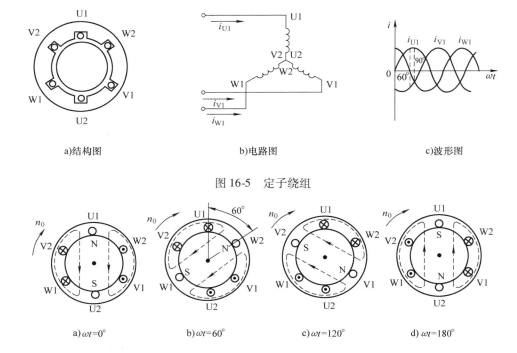

a)结构图   b)电路图   c)波形图

图 16-5 定子绕组

a) $\omega t=0°$ b) $\omega t=60°$ c) $\omega t=120°$ d) $\omega t=180°$

图 16-6 旋转磁场的形成

i_{W1} 由首端 W1 流入，末端 W2 流出。利用右手螺旋定则可确定在 $\omega t =0°$ 瞬间由三相电流所产生的合成磁场方向如图 16-6a 所示。合成磁场上方为 N 极，下方为 S 极，为一对磁极，故磁极对数 $p =1$。

当 $\omega t =60°$ 时，$i_{W1} =0$；i_{V1} 为负值，即由末端 V2 流入，首端 V1 流出；i_{U1} 为正值，由首端 U1 流入，末端 U2 流出。产生的合成磁场方向如图 16-6b 所示。与图 16-6a 比较，磁场在空间上沿顺时针方向旋转了 60°。

当 $\omega t =120°$ 时，$i_{V1} =0$；i_{W1} 为负值，即 i_{W1} 由末端 W2 流入，首端 W1 流出；i_{U1} 为正值，即 i_{U1} 由首端 U1 流入，末端 U2 流出。合成磁场方向如图 16-6c 所示。与图 16-6b 比较，磁场又在空间上沿顺时针方向旋转了 60°。

同理可画出 $\omega t =180°$ 时的合成磁场，如图 16-6d 所示。

以此类推，可见当定子三相对称绕组通入三相对称交流电后，电流变化一个周期，合成磁场旋转一周（360°），即在定子与转子的空气隙间产生了旋转磁场。并且由图 16-6 可见，旋转磁场的旋转方向与三相电流的相序一致，或者说旋转磁场的旋转方向由三相电流的相序决定。若要改变旋转方向，只需改变三相电流的相序（将连接三相电源的三根导线中的任意两根对调），这就是三相异步电动机反转的原理。

2. 旋转磁场的转速

旋转磁场的转速又称为同步转速，用 n_0 表示。经分析，其大小为

$$n_0 = \frac{60f_1}{p} \qquad (16-1)$$

式中，f_1 为电流频率；p 为磁场的极对数（由定子三相绕组的安排决定）。我国工频 $f_1 =$

50Hz，p 与转速的关系见表 16-1。

表 16-1　p 与转速的关系

p	1	2	3	4	5	6
$n_0/(\text{r/min})$	3000	1500	1000	750	600	500

可见，磁极对数越多，转速越慢。

3. 三相异步电动机转动的原理

三相异步电动机转动原理如图 16-7 所示。旋转磁场以同步转速 n_0 逆时针方向旋转，转子导体将切割定子旋转磁场而产生感应电动势、感应电流（其方向用右手螺旋定则判定）。载有感应电流的转子导体在定子磁场中要受到电磁力的作用，力的方向用左手定则判定，电磁力对转子转轴产生电磁转矩，驱动转子沿着旋转磁场方向旋转。

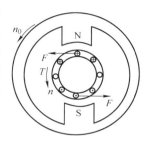

4. 转差率

三相异步电动机转子转向与旋转磁场的方向相同，但转子转速 n 总要小于旋转磁场的同步转速 n_0，即 $n < n_0$，故称为三相异步电动机，二者关系用转差率 S 表示。

图 16-7　三相异步电动机转动原理图

转差率 S 表示转子转速 n 与旋转磁场同步转速 n_0 的相差程度，即

$$s = \frac{n_0 - n}{n_0} \tag{16-2}$$

转差率是用来说明三相异步电动机运行情况的一个重要物理量。在起动瞬间，$n = 0$，$S = 1$，此时转差率最大。电动机在额定情况下运行时，n_N 与 n_0 很接近，转差率很小，一般为 $0.01 \sim 0.09$。

转子转速用转差率可表示为

$$n = (1 - s) n_0 \tag{16-3}$$

16.1.3　三相异步电动机的机械特性

转矩特性曲线 $T = f(S)$ 表示了电源电压一定时电磁转矩 T 与转差率 S 的关系。但在实际应用中，更直接需要了解的是电源电压一定时转速与电磁转矩 T 的关系，即 $n = f(T)$ 曲线。$n = f(T)$ 曲线称为电动机的机械特性曲线，如图 16-8 所示。为了正确使用三相异步电动机，下面研究机械特性曲线上的两个区域和三个重要转矩。

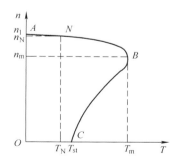

1. 稳定区和不稳定区

机械特性曲线上有两个工作区：BC 段为不稳定区，AB 段为稳定区。

图 16-8　电动机的机械特性曲线

三相异步电动机一般都工作在稳定区域 AB 段上。在这区域里，负载转矩变化时（如负载转矩增加），三相异步电动机能够通过调节自身转速和转矩（转速减小、转矩增加）来达到新的平衡，以自动适应负载的变化，并且转速变化不大，

一般仅为 2% ~ 8%。这样的机械特性称为硬特性。这种硬特性很适宜于金属切削机床等加工场合。

而在 BC 段上，当负载转矩变化时，如负载转矩增加，使转速下降、转矩减小，使得与负载转矩差距加大，转速进一步下降，甚至会使电动机停车，造成转子和定子绕组电流急剧增大而烧毁电动机。电动机不能自动适应负载的变化，因此 BC 段为不稳定区。

2. 三个重要转矩

（1）额定转矩 T_N　电动机在额定电压下，以额定转速 n_N 运行，输出额定功率 P_N 时，其轴上输出的转矩称为额定转矩，即

$$T_N = 9550 \frac{P_N}{n_N} \tag{16-4}$$

三相异步电动机的额定工作点通常在机械特性稳定区的中部。为了避免电动机出现过热现象，一般不允许电动机在超过额定转矩的情况下长期运行，但允许短期过载运行。

（2）最大转矩 T_m　电动机转矩的最大值称为最大转矩。为了描述电动机允许的瞬间过载能力，通常用最大转矩与额定转矩的比值来表示，称为过载系数 λ。一般 $\lambda = 1.8 ~ 2.5$ 过载系数为

$$\lambda = \frac{T_m}{T_N} \tag{16-5}$$

最大转矩是电动机能够提供的极限转矩，电动机运行中的机械负载不可超过最大转矩，否则电动机的转速将越来越低，很快导致堵转，使电动机过热，甚至烧毁。

（3）起动转矩 T_{st}　电动机刚接入电源但尚未转动时的转矩称为起动转矩。三相异步电动机的起动能力通常用起动转矩与额定转矩的比值 λ_{st} 来表示：

$$\lambda_{st} = \frac{T_{st}}{T_N} \tag{16-6}$$

16.2　三相异步电动机的铭牌数据

电动机制造厂按照国家标准，根据电动机的设计和试验数据而规定的每台电动机的正常运行状态和条件，称为电动机的额定运行情况。如图 16-9 所示，电动机的铭牌用来表示电动机额定运行情况的各种参数。

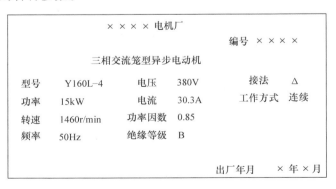

×××× 电机厂				
			编号　××××	
	三相交流笼型异步电动机			
型号	Y160L-4	电压	380V	接法　△
功率	15kW	电流	30.3A	工作方式　连续
转速	1460r/min	功率因数	0.85	
频率	50Hz	绝缘等级	B	
			出厂年月　×年×月	

图 16-9　电动机的铭牌

1）型号 Y160L-4：Y 表示三相异步电动机（T 表示同步电动机）；160 是机座中心高度为 160mm；L 是机座长度规格（L 表示长机座，S 表示短机座，M 是中机座规格）；4 表示旋转磁场为 4 极（$p = 2$）。

2）额定电压 U_N（380V）：定子绕组上的线电压。

3）接法：通常 3kW 以下的三相异步电动机定子绕组作星形联结，4kW 以上的三相异步电动机定子绕组作三角形联结。

4）额定功率 P_N（15kW）：表示额定运行时电动机轴上输出的额定机械功率。

5）额定电流 I_N（30.3A）：电动机在额定电压和额定频率下，输出额定功率时定子绕组的线电流。

6）工作方式：电动机运行的持续时间，分为连续、断续、短时工作制。

7）额定转速 n_N（1460r/min）：电动机在额定电压、额定频率、额定负载下，电动机每分钟的转速。

8）额定功率因数 $\cos\varphi_N$：额定负载下定子等效电路的功率因数。

9）额定频率：电动机的电源额定频率。

10）耐热等级：电动机的耐热等级是指其所用绝缘材料按其在正常运行条件下允许的最高工作温度分级。表 16-2 所示为绝缘材料耐热等级及极限工作温度。

表 16-2 绝缘材料耐热等级及极限工作温度

绝缘等级	Y	A	E	B	F	H	C
工作极限温度/℃	90	105	120	130	155	180	>180

除铭牌上标出的参数外，还有其他一些技术数据，如额定效率 η_N，为电动机额定状态下输出功率与输入功率的比值，即

$$\eta_N = \frac{P_N}{P_1} \times 100\% = \frac{P_N}{\sqrt{3} I_N U_N \cos\varphi_N} \times 100\%$$

例 16-1 Y132M-4 型三相异步电动机技术数据如下：$P_N = 7.5\text{kW}$，$U_N = 380\text{V}$，三角形联结，$S_N = 0.04$，$\eta_N = 0.87$，$f_1 = 50\text{Hz}$，$\cos\varphi_N = 0.88$，$T_{st}/T_N = 2$，$T_m/T_N = 2.2$，$I_{st}/I_N = 7$。求：（1）电动机的极对数 p、额定转速 n_N；（2）输入功率 P_1；（3）额定电流 I_N、额定转矩 T_N；（4）直接起动时的起动电流 I_{st}、起动转矩 T_{st}；（5）最大转矩 T_m。

解：（1）由型号最后的数字 4（4 极），可看出这是两对磁极的电动机，所以 $p = 2$。

$$n_N = (1 - s_N)\frac{60 f_1}{p} = 1440\text{r/min}$$

（2）输入功率为

$$P_1 = \frac{P_N}{\eta_N} = \frac{7.5\text{kW}}{0.87} = 8.6\text{kW}$$

（3）额定电流为

$$I_N = \frac{P_N}{\sqrt{3} U_N \eta_N \cos\varphi_N} = 14.9\text{A}$$

额定转矩为

$$T_N = 9550 \frac{P_N}{n_N} = 49.7\text{N} \cdot \text{m}$$

（4）起动电流为

$$I_{st} = 7 I_N = 104.3\text{A}$$

起动转矩为

$$T_{st} = 2 T_N = 99.4\text{N} \cdot \text{m}$$

（5）最大转矩为　　　　　　　　　$T_{\mathrm{m}} = 2.2T_{\mathrm{N}} = 109.3\mathrm{N} \cdot \mathrm{m}$

16.3　三相异步电动机的起动、制动及调速

16.3.1　三相异步电动机的起动

三相异步电动机接通电源以后，转速由零开始增大，直至稳定运行的过程称为起动。由于起动瞬间电动机转速为 0，旋转磁场和静止转子间的相对速度很大，因此转子中感应电动势很大，转子电流也就很大，定子电流也随着转子电流的增大而增大。起动时的定子电流称为起动电流。一般地，起动电流为额定电流的 5~7 倍。

对电动机的起动要求：起动电流小，起动转矩大，起动时间短。

绕线式三相异步电动机在起动时，通常在转子中串接起动电阻，既可以降低起动电流，又可以增大起动转矩。下面主要讨论笼型三相异步电动机的起动方法：直接起动和降压起动。

1. 直接起动

电动机在额定电压下起动称为直接起动。直接起动具有起动转矩大、起动时间短、起动设备简单、操作方便、易于维护、投资省、设备故障率低等优点。

直接起动的缺点是起动电流大，为额定电流 5~7 倍。如果电动机的功率较大，将会引起配电系统的电压显著下降，从而影响其他电气设备的正常工作。因此一般规定低于 7.5kW 的三相异步电动机可以直接起动，否则应采用降压起动。

2. 降压起动

降压起动是降低定子的端电压来起动电动机，目的是限制起动电流。待起动过程结束后，恢复全压供电，使电动机进入正常运行。缺点是起动转矩较小，只适用于轻载或空载下起动。最常用的方法有丫-△换接起动和自耦降压起动。

（1）丫-△换接起动　丫-△换接起动只适合于正常运行时定子绕组为三角形联结，且每相绕组都有两个引出端子的笼型电动机。如图 16-10 所示，起动时开关扳至起动位置，电动机接成星形联结，待电动机转速接近额定转速时，开关扳至运行位置，电动机换接成三角形联结运行。

丫-△换接起动时，每相定子绕组所承受的电压降到正常工作电压的 $1/\sqrt{3}$，起动电流减少为直接起动电流的 1/3，起动转矩也减小为直接起动转矩的 1/3。

（2）自耦降压起动　对于容量较大或正常运行时接成星形联结而不能采用星形-三角形起动的笼型电动机，常采用自耦降压起动。如图 16-11 所示，它是利用自耦变压器降压原理起动。起动时，开关 Q_2 扳到起动位置，电动机定子绕组接在自耦变压器的低压侧，电动机的起动电压为 $U_1' = U_1/K$（K 是变压器电压比）。当电动机转速接近额定转速时，将 Q_2 扳向工作位置，切除自耦变压器，电动机全压运行。

利用自耦降压起动时，起动电压为额定电压的 $1/K$，电网供给电动机的起动电流减小到全压起动时的 $1/K^2$，起动转矩也降低为直接起动时的 $1/K^2$。

自耦变压器设有三个抽头，QJ_2 型自耦变压器三个抽头比分别为 55%、64%、73%；QJ_3 型自耦变压器为 40%、60%、80%，可以根据起动转矩的要求而灵活选用三种不同的

电压。

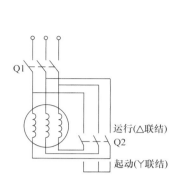

图 16-10　Y-△换接起动电路

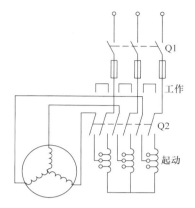

图 16-11　自耦降压起动电路

例 16-2　一台△联结电动机，$P_N = 7.5\text{kW}$，$U_N = 380\text{V}$，$I_N = 14.9\text{A}$，$T_N = 49\text{ N}\cdot\text{m}$，$T_{st}/T_N = 2$，$I_{st}/I_N = 7$。试求（1）当负载转矩 $T_L = 0.5T_N$ 或 $T_L = 0.7T_N$ 时，能否采用Y-△降压起动？计算起动电流 I_{stY}、起动转矩 T_{stY}；（2）如果不能采用Y-△降压起动，那么采用自耦降压起动的自耦变压器抽头比应是多少？计算起动电流 I'_{st}、起动转矩 T'_{st}。

解：（1）$T_{stY} = \dfrac{1}{3}T_{st\triangle} = \dfrac{1}{3} \times 2T_N = 0.67T_N$

当负载转矩 $T_L = 0.5T_N$ 时，$0.67T_N > 0.5T_N$，可以采用Y-△降压起动。

$$I_{stY} = \frac{1}{3}I_{st\triangle} = \frac{1}{3} \times 14.9\text{A} \times 7 = 34.8\text{A}$$

$$T_{stY} = \frac{1}{3}T_{st\triangle} = \frac{1}{3} \times 49\text{N}\cdot\text{m} \times 2 = 32.7\text{N}\cdot\text{m}$$

当负载转矩 $T_L = 0.7T_N$ 时，$0.67T_N < 0.7T_N$，不能采用Y-△降压起动。

（2）采用自耦降压起动法

$$T'_{st} = \frac{1}{K^2}T_{st} = 0.7T_{st}$$

$$\frac{1}{K} = \sqrt{0.7} = 0.837 \approx 0.84$$

采用自耦降压起动法的变压器抽头比应不小于 0.84。

$$I'_{st} = \frac{1}{K^2}I_{st} = 0.84^2 \times 104.3\text{A} = 73.6\text{A}$$

$$T'_{st} = \frac{1}{K^2}T_{st} = 0.84^2 \times 98\text{N}\cdot\text{m} = 69.1\text{N}\cdot\text{m}$$

16.3.2　三相异步电动机的制动

电动机的定子绕组断电后，其转动部分由于惯性还会继续转动一段时间才会停止。为了缩短辅助工时，提高生产机械的生产率，同时也为了安全，往往要求电动机能迅速停车和反转，故需要对电动机制动。常采取的方法有：机械方法——电磁抱闸；电气方法——能耗制动、反接制动、发电反馈制动等。下面主要介绍电气方法。

1. 能耗制动

能耗制动通过消耗转子的动能(转换为电能)来进行制动。图 16-12 所示为能耗制动原理图,在切断三相电源的同时,接通直流电源,使直流电流通入定子绕组。直流电流产生固定不动的磁场,而转子由于惯性继续在原方向转动。可以判定此时的转子电流与固定磁场相互作用产生的转矩方向与电动机转动方向相反,起到制动作用。

制动转矩的大小与定子绕组中直流电流的大小有关,直流电流的大小一般为电动机额定电流的 $0.5 \sim 1$ 倍,可用电阻 R 进行调节。

能耗制动能量消耗小,制动平稳,停车准确可靠,对交流电网无冲击,但需要直流电源,适用于某些金属切削机床。

2. 反接制动

如图 16-13 所示,电动机停车时,可将接到电源的三根导线中的任意两根的一端对调位置,使旋转磁场反向旋转,而转子由于惯性仍沿原方向转动。这时的转矩方向与电动机的转动方向相反,因而起制动作用。

由于旋转磁场与转子旋转方向相反,其相对速度很大,故定子电流很大。为了限制电流,对功率较大的电动机进行制动时,必须在定子电路(笼型)或转子电路(绕线式)中接入电阻。

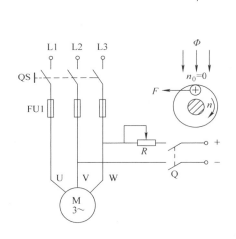

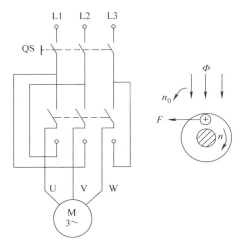

图 16-12　能耗制动原理图　　　　　　　　　图 16-13　反接制动原理图

反接制动方法简单可靠、效果较好,但能耗较大,振动和冲击也大,对加工精度有影响,常用于起停不频繁,功率较小的金属切削机床(如车床、铣床)的主轴制动。

3. 发电反馈制动

当起重机快速下放重物时,由于重力作用,重物拖动转子,电动机转速超过旋转磁场转速,即 $n > n_0$。转子相对于旋转磁场改变运动方向,即电动机的转矩与转子旋转方向相反,所以是制动转矩。这个转矩使电动机的转速下降,直到重物匀速下降。此时电动机已转入发电机运行状态,将重物的位能转换为电能送入电网,故称为发电反馈制动。利用它可以稳定地下放重物。图 16-14所示为发电回馈制动原理图。

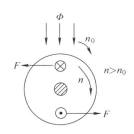

图 16-14　发电回馈制动原理图

16.3.3　三相异步电动机的调速

所谓调速，就是指电动机在同一负载下能得到不同的转速，以满足工艺需要。由转速公式 $n = (1-s)n_0 = (1-s)\dfrac{60f_1}{p}$ 可知，改变电动机转速的三种方法：变频调速、变极调速、变转差率调速。

1. 变频调速

改变供电电源的频率可以使电动机的转速改变，这种调速方法称为变频调速。变频调速可实现无级调速，频率调节范围一般为 $0.5 \sim 320\text{Hz}$，并具有硬的机械特性，适用于要求精度高、调速性能较好的场合。

变频调速需要有变频器。随着晶闸管及变流技术的发展，目前在许多设备中都有成套的变频调速装置。变频调速是一种高效、节能的调速方式，是电动机调速的发展方向。

2. 变极调速

当电源频率不变时，转速与磁极对数成反比。如图 16-15 所示，通过改变定子绕组的接线方式来改变笼型电动机定子磁极对数，也可以达到调速目的。

变极调速可实现有级调速，具有较硬的机械特性，稳定性良好，适用于不需要无级调速的生产机械，如金属切削机床、升降机、起重设备、风机、水泵等。

3. 变转差率调速

变转差率调速的方法是在绕线式电动机的转子电路中接入调速电阻。在恒转矩负载下，增大调速电阻，可使机械特性变软，转速下降。

变转差率调速可得到平滑调速，设备简单，投资少，但能量损耗大，广泛应用于起重设备中。

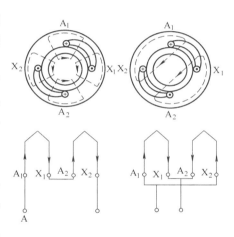

图 16-15　改变磁极对数的方法

16.4　常用低压电器

低压电器是指工作在直流 1200V、交流 1500V 及以下的电路中，以实现对电路或非电对象的控制、检测、保护、变换、调节等作用的电器。常用低压电器的种类繁多，分类方法也有多种。按动作性质可分为自动电器(如继电器、接触器、自动空气开关等)和手动电器(如刀开关、组合开关、按钮等)。按职能可分为控制电器(如按钮、接触器等)和保护电器(如熔断器、热继电器等)。

1. 刀开关

刀开关又称为闸刀开关，刀开关外形、结构和符号如图 16-16 所示。在不经常操作的低压电路中，刀开关用于接通或切断电源。

安装时，电源线应与静触头(刀座)相连，负载与刀片和熔丝一侧相连，这样安装，当断开电源时，刀片不带电。刀开关的额定电流应大于它所控制的最大负荷电流。

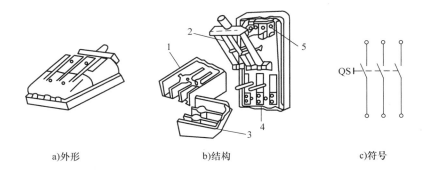

a)外形　　　　　　　　　　b)结构　　　　　　　　　　c)符号

图 16-16　刀开关外形、结构和符号

1—上胶木盖　2—刀片　3—下胶木盖　4—接熔丝的接头　5—刀座

2. 组合开关

组合开关(又称为转换开关)。它是一种转动式的闸刀开关,有若干对静触片和动触片。静触片与静触片,动触片与动触片间隔以绝缘。静触片固定在绝缘垫板上,动触片固定在附有手柄的转轴上,随手柄转动而变换接通或断开的位置。

组合开关符号如图 16-17 所示,有单极、双极和三极之分,机床电气控制电路中一般采用三极组合开关。

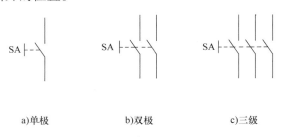

组合开关结构紧凑,安装面积小,操作方便,常用来作为电源引入开关,也可以用它直接起动或停止小容量笼型电动机或控制电动机正反转,局部照明电路也常用它来控制。

a)单极　　　　　b)双极　　　　　c)三级

图 16-17　组合开关符号

组合开关以额定持续电流为主要选用参数,一般有 10A、25A、60A 和 100A 等多种。

3. 熔断器

熔断器是一种当电流超过规定值一定时间后,以它本身产生的热量使熔体熔化而切断电路的电器。一般串接于主电路或控制电路中,一旦发生短路或过载,熔断器熔断,切断电源。广泛应用于低压配电系统及用电设备中作短路和过电流保护。

熔断器内有熔丝或熔片,即熔体。常用三种结构:管式熔断器、插式熔断器和螺旋式熔断器,如图 16-18a、b、c 所示。熔断器符号如图 16-18d 所示。

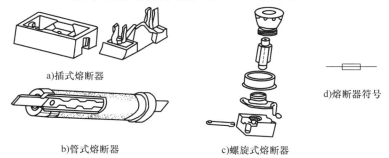

a)插式熔断器

b)管式熔断器

c)螺旋式熔断器

d)熔断器符号

图 16-18　熔断器的结构及符号

熔断器的选择主要是选择熔体的额定电流，具体如下：

1）照明和电热负载：应使熔体额定电流大于等于被保护设备的额定电流。

2）一台电动机：应使熔体额定电流大于等于 1.5 倍的电动机额定电流。

3）多台电动机：应选择熔体额定电流大于等于 1.5 倍的所有电动机额定电流之和。

4. 按钮

按钮通常用来接通或断开控制电路的信号。按钮结构如图 16-19 所示，当手动按下按钮帽时，常闭静触头断开，常开静触头闭合；当手松开时，复位弹簧将按钮的动触头恢复原位，从而实现对电路的控制。有的按钮只有一个常开触头或常闭触头。单式按钮有一个常开触头和一个常闭触头。有的按钮由两个按钮组成，一个可用于电动机起动，另一个可用于电动机停止。按钮有单式按钮、复式按钮等，符号如图 16-20 所示。

图 16-19　按钮结构	图 16-20　按钮符号

1—按钮帽　2—复位弹簧　3—常闭静触头
4—动触头　5—常开静触头

a)常开按钮　　b)常闭按钮　　c)复式按钮

5. 接触器

接触器是最常用的一种自动开关，是利用电磁吸力使触头闭合或分断的电器。适合于频繁操作的远距离控制，并具有失电压保护的功能。

如图 16-21 所示，接触器触头分主触头和辅助触头两种。主触头接触面积大，用于通断负载电流较大的主电路；辅助触头接触面积小，用于通断电流较小的控制电路。其工作原理为：当电磁线圈通电后产生磁场，使静铁心产生电磁吸力吸引动铁心向下运动，使常开主触头（一般三对）闭合，同时常闭辅助触头（一般两对）断开，常开辅助触头（一般两对）闭合。当线圈断电时，电磁力消失，动铁心在弹簧作用下向上复位，各触头复原（即三对主触头断开、两对常闭辅助触头闭合、两对常开辅助触头断开）。接触器各部件符号如图 16-22 所示。

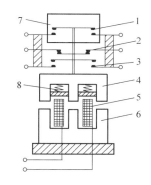

图 16-21　接触器结构

1—主触头　2—常闭辅助触头
3—常开辅助触头　4—动铁心
5—电磁线圈　6—静铁心
7—灭弧罩　8—弹簧

应根据电路中负载电流的种类选择直流或交流接触器。选用接触器时，其额定电流应不低于被控制电路的额定电流；吸引线圈额定电压应等于所接控制电路电压；电气控制线路比较简单且所用接触器较少时，可直接选用 380V 或 220V；电气控制线路较为复杂时，为了保证安全，一般选用较低的 110V。

6. 热继电器

热继电器是用来保护电动机或其他负载免于过载的一种保护电器。

如图 16-23 所示，热继电器由热元件、双金属片、触头系统等组成。双金属片是感温元

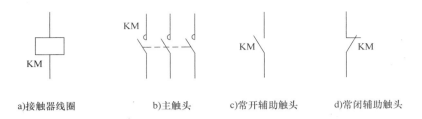

a)接触器线圈　　　　b)主触头　　　　c)常开辅助触头　　　　d)常闭辅助触头

图 16-22　接触器各部件符号

件，由两种热膨胀系数不同的金属碾压形成一体。热元件是一段电热丝，串接在电动机定子绕组中。当电动机长期过载时，热元件发热，使双金属片受热膨胀，由于两层金属的热膨胀系数不同，致使双金属片向上弯曲，当弹簧的拉力大于双金属片的作用力时，扣板将自动弹开，使常闭触头断开，从而断开电动机主电路。热继电器各部件符号如图 16-24 所示。

图 16-23　热继电器结构原理图
1—热元件　2—双金属片　3—扣板
4—弹簧　5—复位按钮　6—常闭触头

图 16-24　热继电器各部件符号
a)热元件　　　　b)热继电器触头

热继电器常用的有 JR0、JR10、JR16 等系列。可以根据整定电流选用热继电器，一般整定电流与电动机的额定电流基本一致。

注意： 由于热惯性，热继电器不能做短路保护。

7. 自动空气断路器

自动空气断路器又称为自动空气开关，能实现欠电压、过载和短路保护。它与熔断器配合是低压电路中广泛应用的最基本保护手段。自动空气断路器结构及符号如图 16-25 所示。

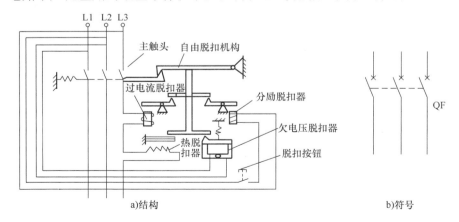

a)结构　　　　　　　　　　b)符号

图 16-25　自动空气断路器结构及符号

主触头闭合后，自由脱扣机构将主触头锁在合闸位置上。当电路发生故障时，脱扣机构动作，自动跳闸实现保护作用。

自动空气断路器额定电压和额定电流应选择不小于电路或设备工作电压和电流，且它的通断能力应不小于电路的最大短路电流。

16.5 电动机的控制电路

16.5.1 基本控制电路

1. 起停控制

（1）点动控制 点动控制就是当按下按钮时电动机转动，松开按钮时电动机就停转。

点动控制电路图如图 16-26 所示。读图时，首先要分清主电路和控制电路。主电路是指给电动机供电的电路，电流较大。控制电路是控制主电路工作的电路，电流较小。一般主电路画在左侧，控制电路画在右侧。图 16-26 所示电路的主电路由刀开关 QS、熔断器 FU、接触器的主触点 KM 和电动机 M 组成；控制电路由点动按钮 SB、接触器的线圈 KM 组成。动作过程是：合上开关 QS，接通电源。

起动：按下按钮 SB→接触器 KM 线圈得电→KM 主触头闭合→电动机 M 起动运行。

停止：松开按钮 SB→接触器 KM 线圈失电→KM 主触头断开→电动机 M 失电停转。

点动控制多用于机床刀架、横梁、立柱等快速移动和机床对刀等场合。

（2）单向起停控制 图 16-27 所示为单向起停控制电路图。它是在点动电路基础上串接了一个停止按钮 SB2，并且在起动按钮 SB1 两端并接一个接触器的常开辅助触头 KM。

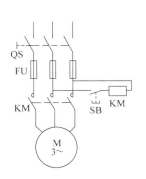
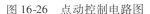

图 16-26 点动控制电路图

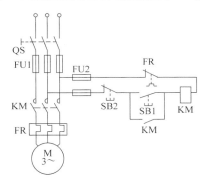

图 16-27 单向起停控制电路图

起动时，合上 QS，引入三相电源。按下 SB1，KM 线圈通电，主电路中 KM 主触头闭合，电动机接通电源直接起动运转。同时与 SB1 并联的常开辅助触头 KM 闭合，即使 SB1 松开后，KM 线圈仍保持通电，电动机可连续运行。这种依靠接触器自身辅助触头而使其线圈保持通电的控制方式称为自锁，这个辅助触头称为自锁触头。

按下停止按钮 SB2，KM 线圈断电，KM 主触头断开，电动机停止工作；KM 常开辅助触头断开，解除自锁。

该电路具有短路、过载及失电压和欠电压保护。短路保护依靠熔断器 FU。热继电器（热元件串接在主回路中，常闭触头串接在控制回路中）可进行过载保护。交流接触器本身具有失电压和欠电压保护作用。

（3）多地控制电路　大型机电设备为了操作方便，常要求在两个或两个以上地点都能操作，其控制电路如图16-28所示，需要在每一个控制地点安装一组起动和停止按钮。各组按钮的接线原则是：起动按钮并联，停止按钮串联。按下任意一个起动按钮均可使KM线圈通电，电动机运行。同样按下任意一个停止按钮均可使KM线圈失电，电动机停止。

2. 正反转控制

在生产上往往要求运动部件有正反两个方向运动。由三相异步电动机工作原理可知，只要调换了电动机三根电源线中的任意两根，就可实现电动机反转。

正反转基本控制电路如图16-29所示。在主电路中用两个接触器引入电源，KM1闭合电动机正转，KM2闭合电动机反转。

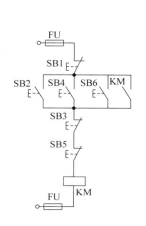

图16-28　多地控制电路

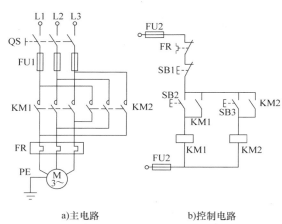

a)主电路　　　　　　b)控制电路

图16-29　正反转基本控制电路

图16-29所示的正反转基本控制电路缺点是SB2和SB3同时按下，会造成电源短路，为此应加入"互锁"。如图16-30a所示，就是在反转的KM2线圈电路中串接一个正转接触器KM1的常闭辅助触头，KM1线圈通电时，KM2线圈因所在支路的KM1常闭辅助触头断开而确保断电。同样要在正转的KM1线圈电路中串接一个反转接触器KM2的常闭辅助触头。这种在各自的控制电路中串接对方的常闭辅助触头，达到两个接触器不会同时工作的控制方式称为互锁，这两个常闭触头称为互锁触头。

动作过程为：正转操作时按下SB2，KM1线圈通电，KM1主触头闭合，电动机正转，并通过KM1常开辅助触头自锁、常闭辅助触头互锁。反转操作时先按SB1，然后按下SB3，使KM2线圈通电，KM2主触头闭合，电动机反转，并通过KM2常开辅助触头自锁、常闭辅助触头互锁。

图16-30a所示的控制电路在正转过程中要求反转时，必须先按停止按钮SB1，使KM1常闭辅助互锁触头复位闭合后，才能按SB3使电动机反转，不便于操作。为此可按图16-30b所示电路进行控制，采用复式按钮和接触器双重联锁的控制电路来进行改进。SB2和SB3是两只复式按钮，它们各具有一对常开和常闭触头，将常闭触头交叉地串接在对方的控制电路中。

动作过程为：正转操作时按下SB2，KM1线圈通电，KM1主触头闭合，电动机正转，

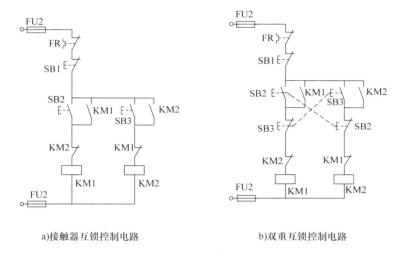

a)接触器互锁控制电路   b)双重互锁控制电路

图 16-30   正、反转控制电路

并通过 KM1 常开辅助触头自锁，SB2 的常闭触头和 KM1 的常闭辅助触头断开，实现双重互锁。反转操作时按下 SB3，SB3 的常闭触头先断开，使 KM1 线圈失电，KM1 的主、辅触头复位，电动机停止正转，同时接通 KM2 线圈，KM2 主触头闭合，电动机反转，并通过 KM2 常开辅助触头自锁，SB3 的常闭触头和 KM2 的常闭辅助触头断开，实现双重互锁。

16.5.2   自动往返控制电路

有些生产机械(如万能铣床)要求工作台在一定距离内能自动往返，通常利用行程开关控制电动机正反转实现。

1. 行程开关

行程开关又称为限位开关，它是利用机械部件的位移来切换电路的自动电器。其结构如图 16-31 所示，符号如图 16-32 所示。它有一对常闭触头和一对常开触头。当运动部件的撞块压下推杆时，常闭触头断开，常开触头闭合。当撞块离开推杆时，触头复位。

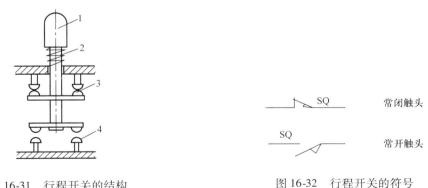

图 16-31   行程开关的结构
1—推杆 2—弹簧
3—常闭触头 4—常开触头

图 16-32   行程开关的符号

2. 自动往返控制

工作台由电动机 M 带动进行自动往返运动示意图如图 16-33 所示。行程开关 SQ1、SQ2

分别装在工作台的原位和终点，行程开关 SQ3、SQ4 分别装在工作台的极限位置。电动机的主电路与正、反转电路相同，自动往返运动控制电路如图 16-34 所示。

图 16-33　工作台往返运动示意图

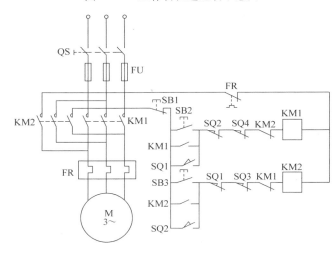

图 16-34　自动往返运动控制电路

按下 SB2，KM1 线圈通电，通过 KM1 辅助触头自锁并互锁，KM1 主触头闭合，电动机正转驱动工作台右移。工作台移至右极限位置时，挡铁 2 压下行程开关 SQ2，SQ2 的常闭触头断开，KM1 线圈失电，KM1 触头复位使电动机停转并解除自锁；同时 SQ2 的常开触头闭合，KM2 线圈通电，通过 KM2 辅助触头自锁并互锁，KM2 主触头闭合，电动机反转驱动工作台左移。工作台移至左极限位置时，挡铁 1 压下行程开关 SQ1，SQ1 的常闭触头断开，KM2 线圈失电，KM2 触头复位使电动机停转并解除自锁；同时 SQ1 的常开触头闭合，KM1 线圈通电，通过 KM1 辅助触头自锁并互锁，KM1 主触头闭合，电动机再次正转。如此循环，工作台则自动往返运动。

16.5.3　星形-三角形换接起动的控制电路

星形-三角形换接起动是按时间顺序进行控制的，需要采用时间继电器来实现延时。

1. 时间继电器

时间继电器是一种利用电磁原理或机械动作原理实现触头延时接通或断开的自动控制电器。其延时方式有通电延时和断电延时两种。时间继电器各种部件的图形和文字符号如图 16-35 所示。

对于电磁式时间继电器，当电磁线圈通电或断电后，经一段时间，延时触头状态才发生变化，即延时触头才动作。晶体管式和电动机式时间继电器能精确设定延时时间。新型电子

a) 通电延时线圈　b) 断电延时线圈　c) 延时闭合常开触头　d) 延时断开常闭触头　e) 延时断开常开触头　f) 延时闭合常闭触头

图 16-35　时间继电器各种部件的图形文字符号

式时间继电器具有体积小、延时精度高、延时可调范围大、调节方便、寿命长等优点，其内部延时电路采用晶体管组成，可应用于延时精度要求高的电气控制电路中。时间继电器选用时主要考虑延时范围、延时类型、延时精度及工作条件等。

2. 星形-三角形自动换接起动的控制电路

星形-三角形自动换接起动电路如图 16-36 所示。起动时，按下 SB2，KM 线圈通电，并通过 KM 常开辅助触头自锁；同时，KM1 线圈、KT 线圈通电，KM1 常闭辅助触头实现互锁，主电路中的 KM 主触头与 KM1 主触头闭合，定子绕组连接成星形联结，实现降压起动。经过一定时间后，KT 线圈延时到，其延时断开常闭触头断开，KM1 线圈失电，KM1 常闭辅助触头闭合，同时 KT 延时闭合常开辅助触头闭合，KM2 线圈通电，并通过 KM2 辅助触头自锁和互锁，在主电路中 KM1 主触头断开，KM2 主触头闭合，定子绕组自动换接成三角形联结。

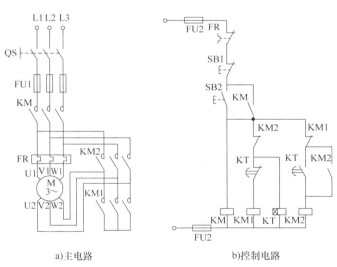

a)主电路　　　　　　b)控制电路

图 16-36　星形-三角形自动换接起动电路

本 章 小 结

1. 三相异步电动机由定子和转子两部分组成。按转子结构不同可分为笼型和绕线式三相异步电动机两种。其中笼型三相异步电动机结构简单，使用维修方便，应用很广。

2. 三相定子绕组通入三相交流电后会产生转速为 $n_0 = \dfrac{60f_1}{p}$ 的旋转磁场。转子绕组切割旋转磁场产生感应电动势和感应电流，并形成电磁转矩驱动电动机旋转。转子转速 n 恒小于旋转磁场转速，它们之间的差距用转差率 S 表示，由此转子转速可表示为 $n = (1-s)n_0 = (1-s)\dfrac{60f_1}{p}$。

3. 三相异步电动机的转向由所加的三相交流电的相序决定。

4. 三相异步电动机有三个特征转矩：额定转矩、最大转矩和起动转矩，它们是使用和选择三相异步电动机的依据。

5. 三相异步电动机的起动包括直接起动和降压起动两种方式，降压起动的方法有星形-三角形换接起动和自耦降压起动。

6. 三相异步电动机的电气制动方法有能耗制动、反接制动和发电反馈制动等。

7. 三相异步电动机调速的三种方法为变频调速、变极调速和变转差率调速。

8. 常用低压电器有刀开关、熔断器、交流接触器、继电器等。

9. 点动、自锁、互锁、单向运行、多地控制、正-反转互锁控制都是电动机的基本控制电路。利用时间继电器的延时作用，可以实现电动机的星形-三角形换接起动。使用行程开关可实现工作台的自动往返控制。

思考与习题

16-1 有一台 4 极三相异步电动机，电源电压的频率为 50Hz，满载时电动机的转差率为 0.02，求电动机的同步转速和转子转速。

16-2 什么是电动机全压起动？有什么优缺点？何时可以采用全压起动？

16-3 笼型三相异步电动机常用降压起动方法有哪几种？各有什么优缺点？

16-4 将三相异步电动机接三相电源的三根引线中的两根对调，此电动机是否会反转？为什么？

16-5 三相异步电动机有哪几种调速方法？各种调速方法有何优缺点？

16-6 三相异步电动机常用制动方法有哪些？

16-7 有一台三相异步电动机，额定数据如下：$P_N = 22\text{kW}$、$U_N = 380\text{V}$、$\eta_N = 0.89$、$\cos\varphi_N = 0.89$、$n_N = 1470\text{r/min}$、$I_{st}/I_N = 7$、$T_{st}/T_N = 2$。试求：

（1）额定电流 I_N。

（2）丫-△换接起动时的起动电流和起动转矩。

（3）接抽头比 60% 的自耦变压器起动时的起动电流和起动转矩。

16-8 组合开关主要用途是什么？

16-9 在电动机电气控制电路中，热继电器与熔断器各起什么作用？

16-10 交流接触器主要部件有哪些？交流接触器工作原理是什么？

16-11 时间继电器有哪几种延时触头？

16-12 什么是电动机点动控制？

16-13 电动机起动时，电流很大，热继电器会不会动作？为什么？

16-14 分别列举机床电气控制系统中自锁控制与互锁控制的电路。

16-15 图 16-37 所示电路能否实现正反转功能？该电路存在一些不足，试从电气控制的保护和易操作

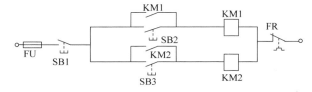

图 16-37 题 16-15 图

性等方面加以改进。

16-16　如图 16-38 所示电路，能否实现自锁功能？为什么？

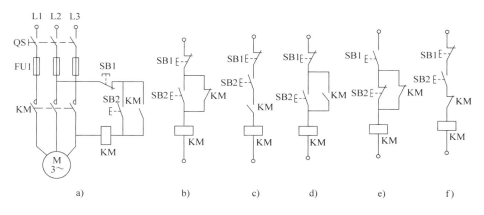

图 16-38　题 16-16 图

参 考 文 献

[1] 秦曾煌. 电工学[M]. 5 版. 北京：高等教育出版社，2000.
[2] 林平勇. 电工电子技术[M]. 2 版. 北京：高等教育出版社，2004.
[3] 周元兴. 电工与电子技术基础[M]. 北京：机械工业出版社，2005.
[4] 付植桐. 电子技术[M]. 北京：高等教育出版社，2000.
[5] 方承远. 工业电气控制技术[M]. 2 版. 北京：机械工业出版社，2000.
[6] 王仁祥. 常用低压电器原理及其控制技术[M]. 北京：机械工业出版社，2003.